AF391509

R F

MANUEL THÉORIQUE ET PRATIQUE

DE LA

PEINTURE EN BATIMENT

A L'USAGE

DES PROFESSIONNELS

8ᵛ V

32755

MANUEL THÉORIQUE ET PRATIQUE

DE LA

PEINTURE EN BATIMENT

A L'USAGE

DES PROFESSIONNELS

TECHNOLOGIE ACTUELLE

PROCÉDÉS ET PRODUITS NOUVEAUX — EXPLICATION DES PHÉNOMÈNES CHIMIQUES
ET PHYSIQUES DÉTERMINANT LA SOLIDITÉ DES PEINTURES
JUGEMENT RATIONNEL DES TONS ET NUANCES — DESCRIPTION RAISONNÉE DE TOUS LES TRAVAUX
POUR L'INTÉRIEUR ET POUR L'EXTÉRIEUR
PROPORTIONNALITÉ DES DOSAGES — APPRÊTS, COUCHES DE FOND, FINISSION
ÉLÉMENTS DU DÉCOR, DE LA LETTRE ET DU FILAGE

PAR

PAUL FLEURY

Peintre-décorateur et Publiciste technicien,
Ex-directeur du *Journal-Manuel de peintures*. — Professeur de cours spéciaux,
Correspondant parisien du *Journal des Peintres*, organe de la Fédération
des Entrepreneurs de Belgique.

BIBLIOTHÈQUE NATIONALE — IMPRIMÉS

PARIS ET LIÉGE

LIBRAIRIE POLYTECHNIQUE, CH. BÉRANGER, ÉDITEUR
SUCCESSEUR DE BAUDRY ET Cie
PARIS, 15, RUE DES SAINTS-PÈRES, 15
LIÉGE, 21, RUE DE LA RÉGENCE

1908
Tous droits réservés.

AVERTISSEMENT

Les ouvrages antérieurs de M. Fleury ont toujours reçu le meilleur accueil des gens de métier et même du public ordinaire, car ils sont, avant tout, conçus dans un esprit essentiellement pratique et qu'en outre, le côté siingrat de la technique pure s'y trouve traité de façon particulièrement claire, très agréable à la lecture.

Celui que nous présentons aujourd'hui procède des mêmes moyens et s'adresse spécialement aux professionnels ainsi qu'aux personnes qui par leur situation ou par leurs occupations doivent moralement connaître l'exercice de la peinture.

Dans ce nouveau Traité, on trouvera exposés non seulement les principes consacrés par l'expérience séculaire des peintres, mais encore les moyens et procédés nouveaux introduits depuis plusieurs années dans la pratique courante, par suite de la transformation progressive et des modifications profondes que le métier a subies.

L'auteur s'est attaché surtout à démontrer l'accord parfait qui existe entre la *théorie* et la *pratique*, appuyées et contrôlées elles-mêmes par une science tout élémentaire mais encore peu connue des réels praticiens. La justesse de raisonnement, la logique des déductions contenues dans les chapitres de cet ouvrage, confirmeront les uns et initieront les autres dans l'excellence de la pratique rationnelle et actuelle des nombreux et très divers travaux de la peinture en bâtiment.

L'Éditeur.

MANUEL PRATIQUE

DE LA

PEINTURE EN BATIMENT

CHAPITRE PREMIER

DU ROLE DE LA PEINTURE

AUX POINTS DE VUE DE L'HYGIÈNE, DE LA CONSERVATION DES MATÉRIAUX,
DE L'EMBELLISSEMENT DES HABITATIONS
ET DE SON IMPORTANCE COMME CORPORATION.

On peut dire sans exagération que la peinture occupe dans l'industrie du bâtiment une place prépondérante ; son utilité est incontestable et se fait sentir à divers points de vue, d'abord celui de l'hygiène générale, car les surfaces qui sont recouvertes de peinture ne peuvent plus absorber ou dégager de poussières d'aucune sorte ni se revêtir d'efflorescences nitreuses ou de super-fétations de mauvais augure, telles que *mousses*, *moisissures*, *rouille*, etc., qui sont autant de causes d'insalubrité et suscep-tibles d'engendrer de graves inconvénients pour la santé publique.

Or, en empêchant la salpétrisation des murs, la pourriture des boiseries et l'oxydation des métaux, la peinture supprime par ce fait toute manifestation des inconvénients de l'insalubrité. Elle offre, en outre, une garantie sérieuse contre les salissures de toute sorte et rend très facile l'entretien de la propreté générale de l'habitation.

Ce que nous venons de dire démontre déjà suffisamment l'uti-lité de la peinture au point de vue préservateur, mais il y a lieu de faire une remarque assez judicieuse : c'est qu'en préservant de la destruction les matériaux de nos immeubles, elle remplit un rôle économique considérable, puisque la durée de conservation est prolongée de beaucoup et par conséquent les grosses réparations sont moins fréquentes.

La peinture combat et retarde l'oxydation de toutes les ferrures du bâtiment, elle préserve les boiseries de l'atteinte des vers et les garantit contre l'humidité toujours redoutable ; quant aux funestes conséquences des intempéries, elles sont également bien retardées en ce qui concerne les boiseries et autres matériaux placés à l'extérieur et auxquels la peinture permet d'atteindre une durée dix fois plus grande grâce à son rôle protecteur. Elle retire aux plâtres leur pouvoir hygrométrique, les rend inabsorbants et rebelles à toute cause d'humidité ; elle durcit leur surface dont elle envahit tous les pores où elle se solidifie ; aussi, les plâtres et les bois peints acquièrent-ils une imperméabilité très grande et pour ainsi dire absolue qui augmente leur durée dans des proportions surprenantes.

Il en est de même pour tous les matériaux, surfaces ou objets que la peinture protège, parce qu'elle les pénètre et les enveloppe ensuite complètement dans une pellicule résistante contre laquelle les agents atmosphériques et les autres causes de détérioration sont longtemps impuissants.

Quant au point de vue de l'embellissement des maisons, la peinture joue son rôle, sinon le plus important, du moins le plus directement appréciable, car la variété de ses colorations fournit une impression d'agrément et de bien-être, dont la cause est certainement le coloris qui a pour vertu essentielle d'enlever toute la sécheresse apparente des autres éléments constitutifs du bâtiment.

Qu'on se représente une maison dans laquelle aucune peinture n'aurait été exécutée ! Est-ce que la nudité des murs, l'uniformité du ton des boiseries n'engendreraient pas la monotonie la plus insoutenable, et encore, si les ferrures étaient laissées dans leur crudité noire ou la rousseur de leur oxydation, ne produiraient-elles pas la plus désagréable sensation ? On se sentirait mal à l'aise dans cet intérieur monotone, sans vie, parce qu'il serait sans couleur.

Tandis qu'avec la peinture, chaque partie de la maison prend de suite son véritable caractère : on se plaît au salon parce que sa tonalité est harmonieuse et élégante, on se plaît dans la salle à manger à cause de ses tonalités chaudes, vigoureuses, et aussi à cause de sa tapisserie très meublante ; le vestibule, toujours entièrement peint et très souvent décoré, produit dès l'entrée une impression première très heureuse : les chambres avec leurs tons clairs ont un aspect pimpant ; jusqu'aux cuisines, sous-sols, couloirs, etc., dont les murs peints tout entiers n'ont plus rien à craindre de la buée ni des frottements, et sur lesquels d'ailleurs toutes les taches peuvent être lavées facilement.

Tout cela offre bien, ce nous semble, une réelle importance. Du reste, l'utilité de la peinture et la nécessité de son rôle ne sont plus à démontrer. On la voit régner partout, d'abord en maîtresse absolue dans les demeures somptueuses où elle se manifeste sous sa double attribution, son double effet préservateur et décoratif, puis on la voit se glisser... modestement, jusque dans les logis les plus rustiques, car là aussi elle est reconnue indispensable, tant à cause de son utilité pratique que de ses qualités d'agrément.

Admise dans tous les milieux, la peinture est actuellement pratiquée en France par plus de 90,000 ouvriers, rien que pour les travaux du bâtiment, c'est-à-dire pour la peinture usuelle des habitations.

Paris, à lui seul, possède près de 25,000 peintres, en chiffres exacts 24,800 !

Un bâtiment neuf de 6 étages occupe, en moyenne et selon l'importance des peintures qu'on y exécute, de 15 à 50 et même 60 compagnons pendant une durée variable de deux à cinq mois.

Nous ne croyons pas qu'aucune autre corporation ait à son service un aussi grand nombre de praticiens, et cela implique une importance et une puissance corporative considérables : c'est une véritable armée que ces 90,000 hommes, tous professionnels de la même catégorie du bâtiment, qui travaillent, qui pensent, et auxquels la communauté de la besogne communique nécessairement la communauté des aspirations sociales et des vues économiques.

Comme on le voit, cette masse de travailleurs est loin d'être une quantité négligeable, d'autant moins négligeable que les membres de cette corporation sont en grande majorité intelligents et actifs.

Par la force même des choses, la très nombreuse corporation des peintres joue donc une importante et brillante partie dans le concert social et contribue dans une large mesure à la diffusion des idées comme au progrès constant de l'esprit humain.

*
* *

Maintenant, si nous nous plaçons au point de vue strictement professionnel, comme nous devons le faire d'ailleurs pour répondre au but de notre ouvrage, et que nous envisagions surtout *le côté métier* de la peinture, il va nous être facile de démontrer combien doit être sérieuse l'étude de ses applications diverses, combien certaines aptitudes, certaines dispositions et de bonnes connaissances techniques sont nécessaires à celui qui veut exercer convenablement cette profession, devenir un peintre complet et ne pas se contenter de rester à tout jamais un vulgaire barbouilleur.

Le peintre doit absolument connaître la nature des nombreux produits qu'il emploie et savoir ce qu'il peut obtenir d'eux dans tous les cas ; un point très important pour lui, c'est d'être en mesure de pouvoir reconnaître les produits falsifiés de ceux qui ne le sont pas, car c'est de leurs qualités que dépend, dans une grande mesure, le bon résultat de son travail.

Il faut encore que le peintre apprenne à démêler et à s'expliquer les phénomènes d'ordre chimique ou physique qui se manifestent à la suite des mélanges qu'il opère ou à la suite de l'application et du séchage des peintures qu'il exécute ; car le professionnel doit surtout être à même de comprendre et de s'expliquer la cause des accidents qui ont motivé la non-réussite d'un travail quelconque.

Et, ce qui est considéré comme étant le point capital, le

summum des connaissances nécessaires au peintre, c'est la science de la couleur, l'intuition de l'harmonie des nuances, avec, si faire se peut, de bonnes données d'architecture qui l'aideront puissamment dans la conception de certains travaux sérieux que les hasards de l'entreprise peuvent éventuellement lui faire échoir et qu'il ne pourrait mener à bonne fin sans l'appoint de ces connaissances, à moins de se mettre à la remorque d'un décorateur spécial ou sous la tutelle effective d'un architecte, ce qui lui fera perdre toute initiative et, conséquemment, amoindrira sa réputation.

Quant à la pratique pure et simple, elle demande beaucoup d'observation, beaucoup d'attention sous certains rapports. Il existe des principes qu'on ne peut méconnaître, tant leur importance est grande, et il suffit quelquefois au peintre de s'être mal placé devant la surface qu'il avait à peindre, ou de l'avoir commencée contrairement au principe voulu pour manquer la réussite de son travail qu'il lui faut alors refaire complètement.

Et, en outre de la peinture proprement dite, le véritable professionnel doit encore pouvoir exécuter des genres tout différents, mais similaires et consécutifs, tels que la vitrerie et le collage du papier peint qui demandent chacun, en ce qui le concerne, un tour de main spécial et des aptitudes particulières.

On voit par cette courte énumération que le métier de peintre est assez complexe et que, pour l'exercer convenablement, il est nécessaire de l'avoir appris... contrairement au préjugé généralement admis, qui veut que quiconque, avec du goût et de la bonne volonté, soit capable de faire de la peinture assez proprement !!

Rien n'est moins exact cependant, et l'on peut affirmer, que même parmi les peintres ayant fait un apprentissage, les *bonnes mains* sont plutôt l'exception que la règle ; or, si l'on peut avouer que, à la rigueur, une personne intelligente pourra barbouiller assez proprement un objet ou une surface restreinte, on doit à la vérité de dire que jamais, au grand jamais, il ne lui sera possible d'exécuter un travail de peinture (fût-il des plus rudimentaires), dans les mêmes conditions, ou seulement dans des conditions approximatives d'économie, de rapidité et de propreté voulues, telles que peut l'exécuter un peintre de carrière.

En fait de métier, l'amateur ne peut valoir le professionnel, à beaucoup près, et la peinture, quoique paraissant, à première vue, d'un abord accessible à tout le monde, n'en est pas moins un métier véritable, dont *il faut avant tout connaître les principes, et pour la pratique desquels un apprentissage assez long et très sérieux s'impose essentiellement.*

Du reste, on trouvera dans le corps de cet ouvrage des chapitres dont l'ampleur des développements est le plus sûr témoignage de l'importance des sujets qui y sont traités.

CHAPITRE II

DE LA SOLIDITÉ DES COULEURS ET DES PEINTURES

Toute peinture est constituée par deux éléments essentiels : l'élément solide ou couleur proprement dite, et l'élément liquide ou véhicule (huile, essence).

Ces éléments, mélangés, unis l'un à l'autre dans des proportions variables, forment, par leur union, la peinture à appliquer ; rien n'est plus facile à démontrer, mais, ce qui l'est moins, c'est de savoir quel est le résultat de ces compositions et la nature des manifestations produites après l'application de ces substances.

Or, ce que l'on ignore généralement, c'est que les couleurs et les liquides forment, tantôt de simples mélanges, parfois des combinaisons chimiques, ou donnent encore très souvent naissance à certains phénomènes physiques.

Toutes ces manifestations sont très importantes à connaître, ce sont elles qui déterminent la qualité des peintures, car elles sont la cause directe de leur solidité, de leur élasticité et de leur fixité. C'est toujours de la combinaison la plus intime que sort la peinture la plus résistante ; lorsqu'il n'y a dans la composition que simple mélange, sans combinaison ni réaction d'aucune sorte, la peinture ne peut offrir qu'une solidité très relative ; en effet, les éléments qui la composent, n'étant pas liés intimement, finissent par se séparer l'un de l'autre, la partie liquide s'évapore ou se résinifie, et la partie solide, restant alors sans soutien ni protection, ne peut trouver d'autre résistance que celle de sa propre nature. C'est bien là, d'ailleurs, où tout est ramené, car, c'est de la nature différente des couleurs que vient la différence de leur fixité et de leur solidité.

Certaines couleurs sont inertes dans les liquides, d'autres y sont solubles : celles-ci formeront donc, avec les véhicules, de véritables combinaisons chimiques, tandis que les autres ne seront jamais autre chose que des mélanges simples appelés à se séparer, à se désunir dans un laps de temps assez court.

Il y a donc une importance réelle à connaître la nature de chaque couleur pour savoir comment elle peut se comporter avec tel ou tel liquide, et l'on sera ainsi fixé très exactement sur les qualités de la peinture dans laquelle on les fait entrer.

Dans l'état actuel de la science chimique concordant en cela avec les observations de la pratique des peintres, on doit reconnaître que les couleurs à base minérale sont les plus solides, surtout par suite de leur alliage avec les huiles siccatives.

Nous allons les citer dans l'ordre :

D'abord et en tout premier lieu, les couleurs qui dérivent du plomb et celles qui dérivent du cuivre : ces couleurs ont une affinité spéciale pour l'huile de lin, avec laquelle elles se combinent très intimement, ainsi qu'on en trouvera l'explication scientifique au paragraphe suivant qui traite des véhicules ; malheureusement, ces couleurs sont toutes vénéneuses et plusieurs d'entre elles ont vu leur emploi délaissé par cette raison seule, de leur nocivité, (on peut citer le vert-de-gris, le vert de Schennfurt, le vert de Scheele).

Nous avons placé en première ligne les couleurs à base de plomb en nous basant uniquement sur leur qualité de résistance ; ce sont :

La céruse, le minium, la mine orange et les jaunes de chrome qui sont des carbonates, oxydes et chromates de plomb.

Viennent ensuite les couleurs à base de cuivre : les verts anglais, le vert de Scheele, le vert Véronèse, le vert minéral, qui sont des chromates, arséniates ou acétates de cuivre.

Viennent encore d'autres couleurs dérivant d'autres métaux, et dont la solidité, quoique bonne, est déjà moindre que les précédentes :

Le vermillon, qui est un sulfure de mercure, le bleu de Prusse, un cyanure de fer, le brun Van-Dyck, un oxyde de ce métal, le bleu minéral, autre cyanure de fer ; on peut encore citer, parmi les couleurs bien solides : le bleu et le violet de cobalt, le bleu d'outremer véritable ou bleu Guimet ; le jaune d'antimoine, le vert émeraude ou vert Guignet ; ensuite, pour leur fixité absolue : le jaune indien, toutes les ocres et autres terres ferrugineuses, ocre jaune, ocre de rü, ocre brune, ocre d'or, ocre rouge, avec le rouge indien, le rouge anglais, les couleurs de Mars qui sont de l'oxyde de fer précipité ; et tous les noirs en général, noir d'ivoire, noir de fumée ou noirs légers ; pour ces dernières couleurs, nous ne parlons que de leur fixité, et il ne faut pas confondre fixité avec solidité : celle-ci est la qualité de résistance à la fatigue et aux intempéries, celle-là est la qualité de résistance comme coloration seule.

Nous avons dit que beaucoup de ces couleurs étaient vénéneuses : nous n'avons pas voulu dire par là que leur emploi constituait un danger réel, et nous nous empressons de déclarer qu'il n'y a pas lieu de s'alarmer sérieusement de leur emploi parce que les précautions les plus élémentaires suffisent amplement pour se préserver de toute atteinte d'empoisonnement ; il ne faut pas les manipuler avec les doigts et toujours se laver convenablement les mains à chaque interruption de travail, ne pas porter d'effets malpropres et prendre de temps à autre des bains sulfureux.

Terminons en donnant la liste des couleurs qui n'offrent aucune solidité ni fixité dans leur coloris :

D'abord toutes les laques, à l'exception des laques de garance qui ont de bonnes qualités ; mais les laques de gaude, laque carminée, laques verte et violette, laque géranium, le carmin rouge et violet, le bitume de Judée, le bistre et la momie, l'indigo, le violet solférino et tous les rouges factices sont à proscrire totalement des mélanges.

***

Abordons maintenant l'étude des liquides servant de véhicules à la peinture.

Il est admis en principe qu'un liquide gras est meilleur véhicule qu'un liquide maigre, c'est-à-dire qu'une huile conviendra mieux dans une peinture que ne conviendrait une essence. Toutefois, il ne faut pas accepter trop absolument ce principe, parce que le véhicule pour si gras qu'il soit ne constituera jamais *à lui seul*, par ses uniques propriétés, une peinture solide dont il ne peut être qu'un des éléments primordiaux ; il lui faut, pour donner toute sa mesure, pour produire tous ses effets, il lui faut l'adjonction du second élément, la matière colorante avec laquelle il constituera un tout complet qui sera d'autant plus résistant que le véhicule et la matière colorante pourront former une combinaison chimique les changeant tous deux, après séchage de la peinture, en un corps nouveau, inattaquable aux influences atmosphériques et aux dégradations domestiques. C'est ce que nous établirons vers la fin de ce chapitre à l'aide de documents irréfutables. Pour le moment, nous n'avons à nous préoccuper des véhicules qu'au seul point de vue de leur solidité propre.

Les huiles sont beaucoup plus stables que les essences qui toutes sont plus ou moins volatiles ; or, si l'on mélange une couleur avec de l'essence seulement, il est facile à comprendre que, cette essence, une fois évaporée, il ne reste de la peinture que la couleur seule, dont les molécules, un moment soudées entre elles par le liquide instable, ne tarderont pas à se désunir, et l'ensemble tombera alors en farine, en poussière, dans un temps plus ou moins long, suivant le degré de solidité que la couleur possède par elle-même eu égard à sa nature.

Mais, si solide que puisse être une couleur, elle ne le sera jamais autant que lorsque le véhicule employé se trouve en rapports chimiques avec elle et détermine la combinaison des deux éléments constitutifs de la peinture parce que, à sa solidité propre, vient s'ajouter la solidité du véhicule.

Or, les huiles siccatives ont toutes les qualités voulues pour faire de bonnes peintures, et c'est l'huile de lin qui donne les meilleurs résultats parce qu'elle réunit à elle seule des qualités essentielles ; elle est grasse, fluide et siccative ; en outre, elle possède la faculté de se *combiner* avec la plupart des sels métalliques, base principale des couleurs comme on vient de le voir au paragraphe précédent.

L'huile d'œillette et l'huile de noix sont également de bons véhicules, mais la première n'est pas assez siccative, elle se résinifie moins vite et fait *poisser* les peintures durant un laps de temps assez long ; l'huile de noix est moins grasse, elle a en outre le grave défaut de rancir assez vite; sa production d'ailleurs est assez limitée.

Si les huiles sont de meilleurs véhicules que les essences, cela tient surtout à leur nature grasse et à leur siccativité : leur séchage s'accomplit par une résinification, qui les fait passer de l'état liquide à l'état solide, mais elles restent toujours insolubles à l'eau.

Donc, au lieu de déserter les mélanges où on les fait entrer, au lieu de se volatiliser comme les essences, elles y demeurent, avec toutes leurs qualités d'insolubilité et de dureté, conséquence de leur résinification ; et de ces qualités, les couleurs en profitent directement, ce sont donc deux solidités qui se joignent, les huiles servant non seulement de soutien et protégeant le tout, mais donnant encore naissance à des phénomènes que nous allons faire connaître par des documents officiels et très sérieux :

Extraits d'un rapport officiel établi naguère par M. Stass, chimiste belge qui fut, quoique étranger, et eu égard à sa haute science, nommé Rapporteur de la 10ᵉ Commission à l'Exposition Universelle de 1855, au lendemain de la grande manifestation de M. Leclaire pour étendre l'emploi du blanc de zinc.

« Lorsqu'on vient à mélanger et à broyer ensemble de la céruse avec de l'huile, une partie de l'hydrate et de l'acétate de plomb qui y sont contenus se dissout d'abord. En abandonnant hors du contact de l'air la pâte elle-même, une nouvelle et plus grande quantité d'oxyde de plomb se dissout. Aussi sait-on que la couleur au blanc de plomb, conservée sous l'eau ou dans un vase fermé, finit par poisser. On attribue généralement le poissement de la pâte au rancissement seul des corps gras, mais nous avons constaté que cet état gluant est dû principalement à la formation d'un savon de plomb qui se dissout dans l'huile.

« Quand on vient à délayer la pâte broyée dans une quantité d'huile convenable pour l'amener à l'état d'emploi et qu'on applique ensuite la couleur sur une surface quelconque, elle se dessèche par l'air, et l'enduit consiste essentiellement en carbonate de plomb, contenant encore un peu d'hydrate de plomb ; les particules de ce carbonate de plomb, corps blanc et opaque (c'est la céruse), sont enveloppées, soudées même les unes aux

autres par un vernis d'huile de lin oxydée renfermant du linoléate et du margarate de plomb qui lui communiquent de l'opacité, de l'élasticité et, le linoléate surtout, de l'imperméabilité.

« Lorsque la peinture est exposée aux causes qui en général la
détruisent le plus rapidement, telles que les rayons du soleil et
l'humidité, l'huile, qui s'est oxydée, se consume, mais la destruction de celle-ci est ralentie par l'imperméabilité du composé
plombeux qu'elle renferme et qui la recouvre.

« Sous l'influence des alternatives d'abaissement et d'élévation
de la température, la peinture est moins sujette à se gercer, à fendiller et à tomber par plaques, à cause de la grande élasticité que
communiquent à l'huile oxydée le linoléate et le margarate de
plomb.

« La céruse renferme donc en elle-même la cause de la siccativité qu'elle communique à l'huile, elle lui cède de l'oxyde de plomb
qui produit cet effet ; cet oxyde de plomb, en saponifiant peu à peu
une certaine quantité de l'huile, forme un sel métallique soluble
dans l'huile qui reste dissous après que l'huile s'est séchée et qui
communique à la matière qui résulte de cette oxydation, et de
l'élasticité et de l'imperméabilité.

« La céruse doit donc à la nature chimique des composés qu'elle
renferme la cause de la solidité des peintures dans laquelle on
la fait entrer, mais elle doit encore cette solidité aux rapports
dans lesquels ces composés s'y trouvent ; car si l'on vient à
changer la nature de la céruse, soit en diminuant soit en exagérant
outre mesure la quantité d'hydrate d'oxyde de plomb ou d'acétate
basique qu'elle contient habituellement, on change en même
temps les propriétés de la peinture qu'elle produit.

« L'action de la céruse sur l'huile de lin n'est pas exclusive pour
l'oxyde de plomb seul ; l'oxyde, l'hydrocarbonate, le sous-acétate,
l'acétate neutre, le linoléate et le manganate de cuivre présentent, par rapport à l'huile, le même ordre de phénomènes. Elle
appartient à tout métal dont l'oxyde, le linoléate et le margarate
sont solubles dans une huile siccative. »

Ainsi se trouvent clairement expliqués les phénomènes qui se
produisent par suite du mélange des huiles avec les sels de
plomb et les sels de cuivre ; cela indique de façon lumineuse

pourquoi les peintures qui sont faites à l'aide des couleurs de cette nature sont plus résistantes que d'autres, celles notamment faites avec les sels de zinc dont nous allons également expliquer les phénomènes en nous servant du même rapport :

« Le blanc de neige comme le blanc de zinc se suspendent dans l'huile, mais, quelle que soit la durée du contact de ces matières, qu'il y ait présence ou absence d'air, que l'huile soit ancienne ou récente, dans aucune circonstance il ne se dissout de quantité appréciable d'oxyde de zinc dans l'huile.

« Quand on fait intervenir de l'eau et qu'on prolonge longtemps le contact entre l'huile et le blanc en élevant la température, une très petite quantité d'huile se saponifie, le linoléate et le margarate de zinc produits qui se dissolvent à chaud dans l'huile ne restent jamais en dissolution après le refroidissement.

« En mettant en présence, à une température élevée, du linoléate et du margarate de zinc et de l'huile, ces sels se dissolvent en plus ou moins grande quantité, mais *se séparent entièrement par le refroidissement*, à tel point que l'huile, dans ce cas, ne renferme guère au delà de 2 millièmes d'oxyde de zinc réduit en dissolution.

« Aussi, relativement aux circonstances dans lesquelles est faite la peinture (à froid), on peut dire que l'oxyde de zinc, ainsi que le linoléate et le margarate de zinc, *sont insolubles dans l'huile de lin*.

« L'huile de lin qui a été mise en présence d'oxyde de zinc ou dans laquelle il y a du linoléate de zinc dissous, n'est pas plus siccative que l'huile de lin avant son contact avec ces matières. »

De tous ces faits, on arrive à la conclusion suivante :

« Que la peinture au blanc de zinc ne peut former qu'un enduit qui ne présentera d'autres propriétés que celle qu'offrira l'huile de lin mélangée avec tout autre corps solide, blanc, inerte quelconque, et qu'on laissera sécher dans les mêmes conditions. »

Voilà donc, scientifiquement démontrées, les causes de la supériorité des peintures à base des sels de plomb et des sels de cuivre sur les peintures à base des sels de zinc. Cela explique en partie les raisons pour lesquelles, dans la nouvelle loi sur la céruse qui en France a été votée par la Chambre des députés en 1903, adoptée avec modification par le Sénat en 1907 et non promulguée encore, la céruse ne saurait être prohibée que pour les seuls travaux *à l'intérieur*, le blanc de zinc ayant été reconnu comme insuffisamment solide pour les travaux *à l'extérieur* où les agents de destruction sont plus intenses et plus nombreux.

Voici encore une nouvelle attestation scientifique sur le même sujet : elle émane de M. le Dr Armand Gautier, membre de l'Institut et universellement connu comme l'un des plus grands chimistes et l'un de nos plus savants professeurs mais qui, de plus, est en ceci de la plus haute compétence puisque, depuis plus de vingt-cinq ans, il est chargé par la préfecture de la Seine d'établir les rapports officiels sur l'emploi des composés de plomb ; auteur d'ouvrages importants dont : *Le cuivre et le plomb dans l'Industrie.*

Voici comment s'exprima M. Armand Gautier dans la déposition qu'il fit devant la commission parlementaire de la Chambre des députés, chargée de l'élaboration du projet de loi sur la prohibition de la céruse :

« Je crains de ne pas être entièrement d'accord avec mes très honorables collègues ici présents, mais je crois que le blanc de céruse en peinture ne peut pas être pratiquement supprimé.

« C'est qu'en effet, il ne s'agit pas ici seulement d'un principe d'hygiène sur lequel nous sommes tous du même avis, *mais aussi d'une question de chimie technique et pratique.*

« Le blanc de céruse, entant que carbonate de plomb (le sulfate paraît jouir de la même propriété), forme peu à peu, avec les huiles auxquelles on le mélange, un composé insoluble élastique qui ne s'exfolie pas et résiste au temps et aux lavages. Si l'on veut obtenir des peintures solides, capables de supporter l'humidité, la sécheresse, la chaleur, le froid, ne se craquelant pas, résistant même aux lessives alcalines faibles, on doit recourir aux sels de plomb qui forment, avec les acides gras qui composent les huiles, des enduits imperméables et presque inaltérables ; la peinture aux sels de plomb seule peut être employée à l'extérieur.

« A l'intérieur, au contraire, la céruse peut être remplacée par d'autres matières courantes, sulfure de zinc, sulfate de baryum, oxysulfure de zinc ou mélange de ces substances. Il faut dire tout de suite que les personnes qui habitent des appartements peints à la céruse ne souffrent de ce fait aucun désavantage. La céruse n'émet ni émanations, ni poussières ; ces dernières peuvent se produire au contraire avec les substances précédentes, et celles où entrent les sels de baryte ne sont pas sans inconvénients »... Puis, sur interpellation d'un collègue, M. Armand Gautier répond à nouveau : « Les sels de plomb, je le regrette, produisent seuls une véritable combinaison chimique très solide, qui, sans jamais devenir cassante, constitue un enduit corné inattaquable. L'oxyde de zinc, le sulfure, le sulfate de baryte *ne donnent avec les huiles que de simples mélanges.* »

Ces affirmations et ces démonstrations d'hommes éminemment compétents et justement qualifiés ne sont-elles pas une preuve suffisante qu'il y a *couleurs* et *couleurs ;* que les unes ne se comportent pas comme les autres, et que c'est de par leur nature même qu'elles se transforment en peintures plus ou moins solides, car elles ne doivent leurs qualités effectives qu'à la nature du métal dont elles dérivent et *qu'il n'est pas au pouvoir de l'homme de changer*, selon la véridique expression de M. Stass.

Il en est de même pour les véhicules, et il est à remarquer que les deux savants, auxquels nous venons d'emprunter les démonstrations, ne mentionnent que les huiles siccatives et tout particulièrement l'huile de lin à cause de ses propriétés spéciales lui permettant de se combiner avec certains sels métalliques ; ils omettent complètement les essences dont la nature est toute différente et ne peuvent, par conséquent, produire les mêmes phénomènes chimiques, dans les mélanges de couleurs.

Mais alors, peut-on objecter : à quoi servent donc les essences si les peintures n'offrent avec elles qu'une solidité éphémère ?

Nous avons signalé la différence qui sépare les huiles d'avec les essences : celles-ci, étant très volatiles, disparaissent, par évaporation, de la masse des mélanges ; celles-là, au contraire, étant beaucoup plus stables, demeurent fixes, offrant ainsi une durée plus considérable ; mais il est des cas où la qualité grasse et stable ne convient plus et où la légèreté du véhicule s'impose.

Toutefois, il nous faut répondre d'une façon plus technique et démontrer pourquoi, malgré leurs inconvénients relatifs d'évaporation rapide, et de non résistance, les essences sont utilisées dans la peinture, et cela dans des proportions à peu près égales aux huiles.

C'est que l'on ne pourrait, sans de sérieux ennuis, exécuter en tout et pour tout, des peintures grasses, les huiles ayant, à côté de leurs qualités maîtresses, certains défauts contre lesquels il est nécessaire de lutter le plus efficacement possible. Et si les peintures à l'extérieur doivent de préférence et en principe être tenues grasses, c'est parce qu'elles sont soumises, plus que les autres, au contact direct et permanent des agents de détérioration les plus actifs; elles ont donc besoin d'être établies très solidement et combinées pour une très grande résistance.

Mais, il n'en est pas de même pour les peintures à l'intérieur qui peuvent sans grand désavantage être moins solidement établies, puisque, étant à l'abri du soleil et de la pluie, elles se trouvent déjà protégées contre ces deux causes principales de désagrégation ; toutefois cette raison n'est pas la seule à invoquer, en voici d'autres :

Si les huiles fournissent des peintures solides, elles ont le grand inconvénient de poisser et de jaunir dès qu'elles sont privées d'air et de lumière, elles ne sèchent et durcissent bien que sous l'action du grand air qui, par une oxydation progressive, les pousse à la solidification d'où elles tirent une grande partie de leur propriété de résistance ; or, à l'intérieur des chambres et des pièces de l'habitation, elles ne subissent de l'air qu'une action très insuffisante à leur oxydation rationnelle, ce qui les fait sécher plus lentement et détermine le poissement, et, si la privation de lumière vient encore s'ajouter au manque d'air, la peinture sera, en plus du poissement, poussée fortement au jaune.

On comprendra que le poissement et le jaunissement sont deux inconvénients graves qui constituent un défaut sérieux contre lequel il est utile de réagir. Les essences sont dès lors tout indiquées comme véhicule de la peinture, soit pour les adjoindre à l'huile qui ainsi *coupée* perd notablement de son principe graisseux, lequel est absorbé en partie par l'essence qui s'en empare en vertu de son assimilation et se trouve elle-même retardée d'autant dans son évaporation ; soit encore dans certains autres cas où l'essence est entièrement, exclusivement utilisée comme véhicule afin d'obtenir des peintures *mates* qui sont tout à fait de convenance dans les parties intérieures où le brillant est plutôt défectueux ; on n'exécute d'ailleurs ces peintures mates que dans les pièces de l'habitation ou de l'appartement qui ne subissent aucune fatigue du fait de la buée, des émanations vaporeuses, ou des frottements répétés, telles que les cuisines, les water-closets, les couloirs de dégagement, les salles de bains et également les salles à manger. Dans ces endroits qui souffrent davantage de la fatigue, on tient toujours les peintures *brillantes* et *lavables* en les faisant relativement grasses, ou bien en les recouvrant de vernis, toujours en vertu de la résistance que ne peuvent pas posséder les peintures mates, puisque l'essence est leur seul véhicule et leur unique soutien.

Telles sont les *principales* raisons de l'emploi des essences dans la pratique de la confection des peintures ; il en existe encore d'autres, d'un ordre différent peut-être, mais qui cependant ont une importance réelle dans l'exécution de certains travaux : ces raisons que nous allons développer doivent surtout être méditées par le peintre soucieux de s'instruire et de comprendre les phénomènes consécutifs à certaines compositions de teintes dont parfois il ne s'explique pas les motifs.

Jusqu'à présent nous avons dit le plus grand bien des huiles et prôné leur rôle dans la confection des peintures ; seulement nous ferons remarquer que jusqu'à présent aussi il n'a été question que des peintures à base essentielle de blanc, et nous avons expliqué que les huiles ne rendaient tous leurs effets que par suite de leur alliage avec cette couleur métallique (ou celles de même nature), lequel alliage détermine une véritable combinaison chimique portant en elle-même tous les principes de la résistance, de l'élasticité et de l'opacité. Il n'y a donc pas lieu, dans des conditions aussi favorables, de modifier en quoi que ce soit le mélange rationnel préconisé, puisque les peintures ainsi composées ont tout ce qu'il faut pour faire face à une longue durée.

Mais, quand il s'agit de faire des peintures dans lesquelles le

blanc ne constitue plus la base essentielle, ou même dans celles
où il ne se trouve pas en excès, dans les teintes composées simplement de couleurs autres que les sels de plomb ou de cuivre ; en
résumé, pour toutes les peintures destinées à l'extérieur ou celles
à l'intérieur susceptibles d'une grande fatigue et desquelles le
blanc est exclu totalement ou ne rentre que très peu, il faut nécessairement modifier du tout au tout la confection des teintes, afin
de remédier au défaut de solidité dû à l'absence du blanc, et l'on
y remédie en effet par la superposition d'un vernis final approprié, faisant office de protecteur garantissant les dessous contre
les intempéries et autres causes de détérioration.

Et, remarque importante : Si ces peintures, qui doivent recevoir
une application de vernis, étaient de composition grasse, à base
d'huile, elles seraient bientôt envahies par les cloques, ces sortes
de poches, ou boursouflures qui se soulèvent et se détachent du
fond ; cet accident, toujours grave et souvent irréparable même,
peut se produire par la seule présence de l'huile, ou de tout autre
principe gras, sous le vernissage. Le seul moyen d'éviter les
cloques, c'est de préparer des couches de fond bien maigres, tout
à l'essence, avec une pointe de vernis dans la teinte, pour fixer la
couleur. D'autres explications plus techniques seront données à
cet égard, au cours de nos descriptions traitant de la *pratique* des
travaux.

QUALITÉS COMPARATIVES DES ESSENCES
TÉRÉBENTHINE ET PÉTROLE

Il nous reste à indiquer, comme nous l'avons fait pour les
huiles, quel est le meilleur produit à employer à titre d'essence,
car, aujourd'hui, plusieurs espèces d'essences ont vu le jour,
grâce au prix exorbitant de l'essence de térébenthine que l'on avait
jusqu'en ces dernières années toujours employée exclusivement
dans les travaux de peinture. C'est en effet l'essence de térébenthine qui s'approprie le mieux aux besoins de la peinture ; elle
n'est pas extrêmement volatile, ni trop maigre, et fait sécher les
teintes dans un temps assez normal pour qu'elles puissent être
suffisamment travaillées pendant leur application. Mais, toutes
ces qualités n'ont pu compenser le renchérissement de la téré-

benthine, qui est devenu tel, et se maintient depuis si longtemps, que les peintres ont bien dû chercher et employer des
succédanés, des produits de remplacement.

Parmi ceux-ci, l'essence minérale était désignée tout de suite,
mais on l'utilisa timidement, à cause de son odeur caractéristique et révélatrice ; on chercha autre chose ; oh, pas bien loin,
dans la même famille et tout simplement dans le pétrole auquel
on fit subir une redistillation spéciale et un traitement particulier pour l'amener à un état moins gras, plus léger et moins
colorant ; c'est alors qu'apparurent les essences dites spéciales ou
factices, toutes dérivées de la même base et qui ne sont en réalité
que des éthers de pétrole dont le prototype fut et est encore le
Wit-spirith ou esprit-blanc, d'importation belge.

Au début du lancement de ces produits factices, on s'en servit
seulement pour *couper* l'essence de térébenthine, mais, peu à peu,
les peintres s'enhardirent et à présent ces prétendues essences
sont employées telles quelles dans la plupart des chantiers où
leur odeur, quoique moins forte que celle de l'essence minérale,
est encore trop prononcée, très pénétrante et suffit amplement
à révéler leur présence illicite.

Mais le défaut capital, irrémédiable, des essences de cette
nature, c'est leur faible densité, leur extrême légèreté, qui ne leur
permet pas de demeurer dans les mélanges de couleurs avec lesquelles elles ne s'associent pas : elles se comportent exactement
comme les éthers qui se volatilisent, disparaissent et se séparent
de tous les mélanges auxquels on les incorpore.

Aussi, les travaux s'en ressentent-ils sérieusement : les teintes
dans lesquelles on fait entrer ces essences, ne conservent pas
longtemps la fluidité qu'on a voulu leur donner en raison du
travail à exécuter, elles s'épaississent très vite et de telle sorte
que, sur des parties semblables de peinture, on ne peut jamais
avoir la même épaisseur de teinte ; cela va bien en commençant,
mais, au fur et à mesure que l'on avance en besogne, la teinte ne
glisse plus, devient bourbeuse, impossible à employer, *à moins
de remettre de l'essence* qui s'évaporera encore dans un instant,
et toujours ainsi on sera obligé *d'allonger* la teinte plusieurs fois
par jour.

Avec l'essence de térébenthine, les teintes restent glissantes pendant toute une demi-journée au moins ; par les temps chauds, elles n'ont besoin d'être dégraissées qu'une fois, le matin, au début de la journée, pas davantage, tandis qu'avec les essences de pétrole il faut modifier à tout instant les teintes pour les rendre coulantes à la brosse et encore, n'obtient-on qu'un travail défectueux parce que la peinture ne se trouve plus dans les proportions de couleur et de liquide nécessaires où elle avait été établie préalablement.

Nous affirmons hautement qu'il est impossible avec ces essences volatiles et désagrégeantes d'exécuter des travaux sérieux ou seulement convenables.

La façon dont elles pénètrent les couleurs est déjà fort louche, on les voit s'y mélanger avec une avidité remarquable, et l'œil exercé du peintre voit immédiatement que les deux éléments de la teinte qu'il compose ne sont pas faits l'un pour l'autre ; puis, quand on vient à étendre la peinture, on a, au bout de quelques instants, une impression de sécheresse excessive, on croirait peindre avec du sable, et en effet la peinture se pose, mais ne s'étend pas avec le moelleux que procure l'essence de térébenthine qui reste bien, malgré tout, irremplaçable et à laquelle on doit recourir dès que le travail à exécuter comporte quelque importance de bonne exécution. Nous avons personnellement et tout récemment appliqué devant un peintre en décor un glacis de faux marbres dont la partie liquide était de l'essence de pétrole, et il était manifestement impossible de pouvoir opérer le veinage plus d'un quart d'heure après le glaçage d'un panneau.

De même une teinte dure exécutée dans les mêmes conditions ne put supporter le ponçage à l'eau qui s'ensuivit, il fallut laver le tout et recommencer.

Il y a donc lieu de n'utiliser ces sortes d'essences qu'à son corps défendant et seulement pour les travaux très ordinaires. Quant au reste, il faut s'en garder le plus possible, on n'a que de fâcheux résultats à en attendre.

On est maintenant fixé, nous avons indiqué les différentes et réciproques propriétés que possèdent les éléments qui entrent dans la composition d'une peinture et l'on peut enfin comprendre cette vérité incomprise presque généralement des meilleurs professionnels : il ne suffit pas de mélanger n'importe quel liquide avec n'importe quelle couleur pour obtenir une bonne peinture, il est au contraire très important de savoir reconnaître quels sont les éléments qui peuvent le mieux s'assimiler selon que l'on a besoin de faire une peinture très solide, ou une peinture de solidité relative. Cette vérité est trop méconnue, et, même parmi les fabricants de couleurs, beaucoup ont une façon étrange de raisonner la question *solidité :* l'un d'eux, parmi les plus importants négociants en couleurs de Paris, peut-être le plus important de tous, nous disait à nous-même : Prenez n'importe quoi, de la boue, mélangez-la avec un corps gras, une bonne huile, et vous aurez quelque chose de solide ! Eh bien, non, c'est une grave erreur, une fausse croyance dont les développements de ce chapitre font certainement bonne justice, et l'on peut poser en principe que : *La solidité d'une peinture est en rapport direct avec l'intimité de la combinaison chimique qui résultera du mélange des éléments qui la composent.*

CHAPITRE III

DU JUGEMENT RATIONNEL DES COULEURS ET DES NUANCES

Jusqu'à présent, la science de la couleur n'a guère été expliquée qu'à l'aide de démonstrations purement physiques, en prenant toujours pour base les couleurs lumineuses du prisme translucide imaginé par le grand Newton, et en s'appuyant sur la théorie du savant Chevreul qui a déterminé la fameuse loi des contrastes.

Tout en reconnaissant l'immense portée des travaux de l'illustre et vénéré savant sur cette question spéciale, on s'est vite aperçu que la loi des contrastes n'est pas le guide impeccable que l'on avait cru un instant découvert, et qui aurait permis de juger ou discerner le rapport exact des couleurs entre elles, et de pouvoir apprécier à coup sûr leurs rapports avec l'harmonie générale.

Un peintre ne peut s'empêcher de reconnaître que la théorie physique des couleurs est inexacte à certains points de vue, elle n'est juste que physiquement parlant, et c'est en matière de peinture qu'elle s'éloigne le plus souvent des lois encore inconnues de l'harmonie. On peut assurer et se bien pénétrer que la loi des contrastes n'est pas du tout la loi de l'harmonie avec laquelle elle se trouve d'ailleurs souvent en désaccord ; citons un des meilleurs exemples de ce désaccord.

D'après la loi des contrastes, les couleurs complémentaires s'accordent toujours entre elles ; or, le vert, qui est la complémentaire du rouge, *doit*, *théoriquement*, s'accorder avec cette couleur ; eh bien, la juxtaposition du rouge et du vert démontre que ces deux couleurs ne s'accordent pas du tout, elles forment un ensemble très dur et fort désagréable à l'œil; dans la pratique, on remarque très aisément que le rouge s'accorde beaucoup mieux avec le jaune ou le bleu qu'avec le vert, et celui-ci ne devient réellement harmonieux qu'avec des tons de sa propre nuance. Théoriquement encore, le rouge qui possède les plus grandes ondes lumineuses devrait toujours dominer dans un ensemble où les couleurs sont à peu près également répandues ; or, il est constant que c'est le jaune qui frappe le plus la vue, et dans la pratique, c'est cette couleur que l'on prodigue le moins, sauf dans le cas où l'ensemble du travail a le jaune comme base, mais alors on a soin de tenir les tons très doux et même suffisamment rompus ; mais dans tout travail de décoration picturale où l'on fait jouer, dans une proportion rationnelle, des nuances opposées, c'est le jaune qui devra être le moins répandu dans l'ensemble, si l'on veut laisser leur valeur respective à chacune des autres couleurs.

Tant qu'il s'agit de faire valoir une couleur en exaltant sa nuance, ou bien quand on veut seulement en modifier l'aspect en diminuant sa valeur, la loi des contrastes est suffisante, mais, dès que l'on a besoin de faire valoir *plusieurs* couleurs, soit en les exaltant soit en les diminuant, ou les faire jouer entre elles et simultanément, on est obligé de chercher d'autres oppositions, d'autres contrastes et de recourir à des lois supplémentaires.

Les peintres sont donc en droit de considérer la loi des contrastes comme une indication précieuse il est vrai, mais néanmoins insuffisante pour les guider *jusqu'au bout* dans leurs recherches sur l'harmonie générale.

Expliquons-nous encore :

En physique, on n'admet que trois couleurs positives et fondamentales : le rouge, le bleu et le jaune ; c'est, d'ailleurs, avec juste raison, puisque toutes les autres colorations spectrales ou prismatiques ne sont que le résultat des combinaisons de ces trois couleurs primaires ; mais, en peinture, on ne peut pas se contenter de trois couleurs seulement, parce que les combinaisons des couleurs-mères se trouvent très modifiées dès qu'elles passent du domaine de la physique dans celui de la pratique picturale, c'est-à-dire lorsque, des couleurs lumineuses et translucides, on passe aux couleurs matérielles et opaques.

En peinture, il faut, avec le rouge, le jaune et le bleu, encore le vert comme couleur positive et fondamentale parce que le mélange du bleu et du jaune ne peut donner et ne donne en effet qu'un vert relatif et douteux, trop jaune ou trop bleu, mais jamais *franchement vert*.

Il est absolument indispensable d'avoir, dans la pratique, une couleur réellement verte, parfaitement franche de ton qui ne puisse se ressentir ni du jaune ni du bleu, car la franchise de ton d'une couleur, comme aussi sa vigueur d'intensité, ont une influence considérable sur la composition ultérieure des teintes et sur le ton des nuances. Ainsi, supposons qu'on ait à faire une teinte en ton *vert-d'eau ;* on ne pourra jamais obtenir cette nuance conventionnelle et de composition très simple, avec un vert résultant d'un mélange de bleu et de jaune, il faut employer un vert très franc, vert anglais, vert de chrome ou mieux encore, le plus franc de tous : le vert émeraude ; si l'un quelconque de ces verts est mélangé au blanc qui doit lui servir de base, il donnera immédiatement le ton voulu dans sa fraîcheur et avec la valeur désirée, tandis que les mélanges les plus savants, faits avec le jaune et le bleu, ne pourront donner que des apparences de vert, et les tons obtenus seront invariablement trop jaunes, ou trop bleus ou trop gris.

A ces quatre couleurs fondamentales, il convient d'ajouter encore le *blanc* et le *noir* qui, en physique, n'existent pas ; toute peinture, quelle qu'elle soit, industrielle ou artistique, a le plus impérieux besoin de ces deux couleurs, d'abord pour obtenir tous *les gris* un peu francs, ensuite, pour réduire ou absorber une partie de la puissance des couleurs pures qui entrent dans les mélanges.

Tout cela est resté complètement étranger aux démonstrateurs physiciens, et cela ne pouvait être autrement puisqu'ils n'exploraient que leur seul domaine, mais nous devons ici faire ressortir que les couleurs du prisme et les couleurs matérielles, ayant une origine très différente, ne peuvent se ressembler que très imparfaitement et encore moins donner lieu à des combinaisons de tons identiques.

Au surplus, c'est ce qui sera amplement démontré par la suite, dans les divers chapitres traitant de la pratique des travaux, et, déjà, faisons cette remarque importante en ce qui concerne le blanc.

Physiquement parlant, la couleur blanche est obtenue par le mélange complet de toutes les couleurs du spectre solaire, ce qui démontre d'ailleurs que la lumière blanche est la réunion de toutes les couleurs ou bien encore, que toutes les couleurs sont obtenues par la décomposition de la lumière blanche. Mais, en peinture, le mélange des couleurs primaires est bien loin de donner le blanc, on obtient tout au plus un mauvais gris neutre. C'est bien l'exemple le plus typique de la différence qui existe dans les deux manifestations des couleurs, celles émanant de la lumière et celles émanant de la matière. Les couleurs lumineuses peuvent se mélanger, dans le sens exact du mot, mais les couleurs matérielles ne font que s'absorber mutuellement ; le mot *mélange* est employé très improprement dans la pratique, il est vrai qu'aucun autre mot ne peut le remplacer ; l'expression est juste, au figuré, et en outre consacrée par l'usage séculaire des peintres, il n'y a donc pas lieu de vouloir la changer ; telle n'est pas notre intention, d'ailleurs, mais cette observation indique bien et souligne nettement la raison de la différence des changements qui s'opèrent par le mariage des couleurs, selon la nature à laquelle elles appartiennent, lumineuse ou matérielle.

On peut considérer le blanc et le noir comme n'étant pas des couleurs à proprement parler : ce sont, en quelque sorte, *deux extrêmes* vers lesquels aboutissent fatalement toutes les colorations poussées à leur plus lointaine limite ; n'importe quelle gamme de tons peut en effet avoir le blanc comme point de départ et le noir comme point d'arrivée ; beaucoup de peintres les regardent d'ailleurs sous le caractère de la négation de toute couleur, et c'est de cette négation même qu'elles tirent leur importance au point de vue pratique.

Le blanc atténue la puissance de toutes les couleurs, le noir les absorbe complètement ; aussi son usage est-il néfaste dans beaucoup de cas, et, malgré toute son utilité, il est à peu près prohibé de la palette artistique et toléré seulement sur la palette du décorateur ; il n'y a guère que dans la peinture en bâtiment où son rôle est exercé à peu près totalement, et, comme ici nous nous occupons plus spécialement de cette catégorie, nous avons dû et nous devrons encore beaucoup compter avec lui.

Nous voici donc en possession de tous les éléments de coloration indispensables dans la peinture et réclamés par la pratique, soit : quatre couleurs fondamentales, le rouge, le jaune, le bleu et le vert, avec en plus le blanc et le noir ; mais ces éléments n'ont eu jusqu'ici qu'un nom, il faut à présent leur donner un corps, et ce corps, ce sera la matière minérale ou végétale travaillée par l'homme pour en obtenir des couleurs tangibles et palpables qui rappelleront, dans la mesure du possible, les couleurs naturelles et lumineuses du spectre solaire, les couleurs de l'arc-en-ciel.

Tous les objets, tous les corps de la nature ont une coloration propre, mais la plupart de ces objets ou de ces corps ne peuvent en être séparés ; toutefois, certains d'entre eux ont la faculté de se dissoudre en partie ou de s'assimiler et communiquer ainsi à d'autres objets leur propre coloration, telles les terres ferrugineuses, comme les ocres, le suc de certaines plantes et jusqu'à la sécrétion de certains animaux ; mais, c'est dans le règne minéral que l'homme a su trouver le plus grand nombre et les meilleures de ses couleurs ; grâce à la chimie, et guidé tout d'abord dans la voie des recherches par les réactifs colorés, il a su, par des combinaisons savantes, par des réactions calculées, produire, pour son usage, de nombreuses et belles couleurs dont quelques-unes ont une intensité considérable, égale et parfois supérieure aux couleurs lumineuses elles-mêmes, mais il est évident que ces produits matériels, auxquels il manque la translucidité des couleurs spectrales, ne peuvent égaler celles-ci en finesse et en pureté. Quant au reste, il faut bien reconnaître qu'actuellement, au moins, le peintre tient à sa disposition tout ce qui est nécessaire à la reproduction des objets de la nature et, en ce qui nous concerne plus spécialement, nous pouvons dire qu'un peintre n'a plus que l'embarras du choix entre les différentes matières colorantes, dont nous avons signalé les qualités et les défauts au chapitre II.

Nous avons parlé des gammes de couleur, ou de tons : qu'est-ce donc qu'une gamme ?

Une gamme de coloration, c'est la succession des valeurs d'une même nuance ; ainsi prenons le rose : on peut établir une gamme de tons roses en ajoutant d'abord au blanc, qui sert de base à la teinte, une faible quantité de rouge quelconque, par exemple le vermillon, puis en augmentant progressivement la dose de ce rouge, toujours dans la même quantité de blanc ; on augmente ainsi l'intensité du premier ton et successivement, en ajoutant chaque fois du rouge, on aura toute une suite de tons roses allant du plus pâle au plus foncé, ce sera une gamme de nuance rose. Il en est de même avec toutes les autres couleurs, et l'on peut constituer, de cette façon, des gammes de nuances jaunes, bleues ou vertes à l'infini.

Mais, ce qui est important pour le peintre, c'est de pouvoir bien juger d'un coup d'œil la *valeur* de chaque ton d'une gamme, parce que de ce jugement il peut déduire très nettement ce qui lui faut mettre de rouge, de jaune, de bleu ou de vert dans le blanc pour obtenir tel ou tel ton déterminé, en un mot pour faire exactement la nuance qui lui est demandée.

Le jugement d'une valeur de ton est fort difficile à acquérir, c'est une véritable lecture que font l'œil et l'esprit du peintre, lecture qui lui fait reconnaître la nature et la quantité de matière colorante qui doit entrer dans le blanc pour obtenir la nuance ou le ton à reproduire ; cette lecture devient d'autant plus difficile que le ton à exécuter contient un plus grand nombre de couleurs.

Mais, si la chose est difficile, elle n'est pas impossible, et si beaucoup de professionnels restent toujours dans l'ignorance de ce discernement, c'est, pour la plupart d'entre eux, parce qu'ils n'ont pas eu les démonstrations préliminaires nécessaires.

Pour arriver à posséder le jugement exact d'une coloration quelconque, il est absolument indispensable de connaître d'abord ce que produisent les couleurs simples dans leur mélange avec le blanc qui sert toujours de base aux teintes dans la confection de toute peinture à appliquer dans la presque totalité des travaux de la peinture en bâtiment.

C'est qu'en effet il existe toujours plusieurs couleurs d'une même nuance ou de nuance approximative ; ainsi il y a plusieurs rouges : l'ocre rouge, la mine orange, le vermillon et la laque, pour ne citer que les principales, de même qu'il y a plusieurs jaunes : l'ocre jaune, le jaune de chrome et la terre de Sienne naturelle, ainsi des verts et des bleus.

Or, ces couleurs, quoique de même catégorie, ne sont pas du tout du même ton, elles ont un éclat et une finesse très différents, une coloration toute particulière ; il s'ensuit donc qu'elles produiront avec le blanc, chacune de son côté, une teinte différente ayant plus ou moins d'éclat et de finesse. Chacun peut essayer et faire des exemples essentiellement pratiques tels que ceux que nous allons indiquer et étudier :

D'abord une gamme de tons roses :

Le premier à base d'ocre rouge ;

Le second à base de vermillon ;

Le troisième à base de mine orange ;

Le quatrième à base de laque.

Tous ces tons, on le voit, sont à une seule couleur. Et quand l'œil sera bien exercé à reconnaître le colorant qui a servi pour chacun d'eux, il lui sera déjà plus facile de lire la composition d'un cinquième ton que l'on aura établi à deux couleurs cette fois, le vermillon et la laque avec très peu de blanc.

En examinant avec attention ces divers tons, on constatera que le premier, à base d'ocre, présente un rouge bien moins franc que le deuxième à base de vermillon ; que le troisième à base de mine orange est plus intense mais moins fin que le deuxième et surtout que le quatrième ; et enfin, que le vermillon et la laque donnent ensemble un joli ton rose accentué.

Ensuite on procédera à l'étude d'une gamme de tons jaunes :

Le premier à base d'ocre jaune ;

Le deuxième à base de jaune de chrome clair ;

Le troisième contenant les deux couleurs ci-dessus, dans le blanc.

Le quatrième sera composé de ces deux couleurs, mais sans addition de blanc ;

Enfin, le cinquième contiendra ces deux couleurs, avec addition d'une autre qui sera la terre de Sienne naturelle.

On pourra remarquer alors la grande différence qui existe

entre le premier ton à base d'ocre jaune et le deuxième à base de jaune de chrome ; on verra clairement que l'ocre ne produit qu'un jaune relatif, comparativement à celui que produit le chrome, puisque ces deux couleurs réunies dans le blanc pour former le troisième ton, donnent un jaune très doux et que leur mélange propre, sans présence de blanc, donne un beau ton jaune jonquille, moins criard que le chrome seul, quoiqu'il soit aussi franc.

Nous venons de dire que l'ocre jaune produit un jaune relatif, *comparativement* au ton jaune obtenu avec le chrome ; si nous soulignons le mot comparativement, c'est pour indiquer que le ton obtenu avec de l'ocre, s'il était vu isolément, aurait un tout autre aspect, car son voisinage avec le jaune de chrome amoindrit de beaucoup sa valeur.

Pour s'en convaincre il n'y a qu'à masquer avec un papier blanc tous les autres tons, et il apparaîtra tout de suite d'une coloration plus franche.

La même remarque s'applique également au premier ton de la gamme des roses, celui à base d'ocre rouge, qui, par isolement avec une cache en papier, prendra une intensité et une franchise qu'il perd totalement par suite de son voisinage avec les autres tons à base de vermillon ou de laque.

Il importe de bien exercer l'œil à saisir la couleur qui, par son alliage avec le blanc, a pu produire le ton que l'on étudie : c'est le point de départ pour bien lire, par la suite, des mélanges plus compliqués. On a vu déjà par les tons simples de tons roses et de tons jaunes, que certaines couleurs donnent une nuance plus sourde ou plus vive, qu'elles ont plus ou moins d'éclat ; eh bien, une fois qu'on est familiarisé avec cette recherche dans les tons simples, on a vite fait de reconnaître la présence de la troisième et de la quatrième couleur dans un ton plus compliqué.

Nous allons du reste faciliter cette étude en indiquant de nouveaux exemples pratiques.

Poursuivons sur la gamme des jaunes en ajoutant une ou deux couleurs aux mélanges déjà cités, mais, attendons-nous à les voir se rompre progressivement selon le nombre et le genre de couleurs qui les composeront, car les tons composés de plus d'une couleur dans le blanc, gagnent en profondeur, mais ils perdent en franchise et en éclat... ils passent successivement des tons francs aux tons rompus, puis aux tons neutres, et, si on les pousse au foncé, ils finissent par atteindre le voisinage du noir.

Le premier ton de cette série contiendra, dans une bonne proportion de blanc, du jaune de chrome et un peu d'ocre rouge, ce qui lui donnera une apparence chaude qui manque aux quatre premiers tons de la gamme des jaunes.

Le ton suivant sera de même composition que le précédent, mais on le réchauffera par de la terre de Sienne brûlée au lieu d'ocre rouge, et comme la terre de Sienne brûlée est d'un rouge plus sourd que l'ocre, le ton obtenu apparaîtra plus opaque, moins fin que le précédent, quoique restant encore assez franc.

Dans le ton suivant, on ajoutera la terre de Sienne naturelle dans le blanc avec de l'ocre jaune et du jaune de chrome, et ces deux couleurs en partie absorbées par elle, se trouveront être un ton déjà rompu.

Enfin, si dans ce même mélange on ajoute une pointe de noir avec le chrome et la Sienne naturelle déjà mélangés au blanc, la présence du noir donnera à ce ton un aspect légèrement verdâtre comparativement à la nuance du ton précédent.

Et, si au lieu de noir on fait une addition de terre d'ombre naturelle, on aura *rompu* vers le brun, le ton initial.

Pour être complet nous devons suivre par les tons de bleu et les tons de vert, en commençant toujours par le mélange d'une seule couleur dans le blanc, afin que l'œil sache bien quel effet produisent les couleurs avec cette base unique.

GAMME DE TONS BLEUS

On opérera de même façon qu'il a été dit pour les jaunes, étude de 5 tons francs composés comme suit :

Nº 1, composé de blanc et de bleu d'outremer.

Nº 2,   —   bleu minéral.

Nº 3, blanc avec les deux bleus précédents.

Nº 4, composé de blanc avec bleu de Prusse.

N° 5, blanc, bleu de Prusse en très petite quantité et une pointe de vert anglais.

On remarquera alors dans cette gamme que l'outremer produit un bleu qui semble gris rosâtre comparativement aux autres tons de cette nuance ;

Que le bleu minéral produit un joli ton franc ;

Le mélange de l'outremer et du bleu minéral dans le blanc fournit un joli ton très fin ;

Le bleu de Prusse, très puissant, produit un ton assez franc et profond, mais manquant de finesse ;

Que le bleu de Prusse, additionné d'un peu de vert, fournit avec le blanc un ton beaucoup plus fin mais bien moins franc : c'est déjà un bleu rompu que l'on fera suivre par cinq autres tons également rompus et toujours à base de bleu de Prusse, lequel, de toutes les autres couleurs bleues, supporte le mieux l'addition d'une matière colorante d'une autre catégorie.

Le n° 6, composé de blanc, de bleu de Prusse, d'une pointe de terre d'ombre naturelle et de laque.

Le n° 7, composé des mêmes couleurs, mais en plus forte proportion ou avec moins de blanc.

Le n° 8, composé de blanc, bleu de Prusse avec de la laque, s'éloignera du bleu proprement dit, cette nuance étant neutralisée par la présence de la laque qui lui conserve cependant sa finesse.

Le n° 9, mêmes couleurs que ci-dessus, avec addition d'une pointe de noir : ce ton se trouvera encore plus neutre que le précédent à cause du noir qui absorbe les couleurs et retire toute finesse aux tons dans lesquels on le fait entrer.

Le n° 10 sera composé de bleu de Prusse avec un peu de vermillon dans le blanc ; nous indiquons ici ce mélange pour bien marquer que le bleu et le rouge produisent toujours un gris.

GAMME DES TONS VERTS

Établir les tons suivants :

N° 1, composé de blanc avec du vert anglais clair.

N° 2, même composition, mais avec du vert moyen.

N° 3, même composition, mais avec du vert foncé.

N° 4, du blanc, avec du vert anglais moyen et foncé.

N° 5, très peu de blanc, avec du vert anglais foncé et de la terre d'ombre naturelle.

N° 6, même composition que le précédent mais avec davantage de blanc, produit un ton tout à fait rompu ; la plus grande quantité de blanc, allié à la terre d'ombre ont absorbé le vert et fournissent un gris verdâtre.

N° 7, du blanc avec du vert anglais foncé et un peu de terre de Sienne brûlée pour rompre.

Ce ton entièrement rompu, dénaturé même, est aussi éloigné du vert que le n° 10 de la gamme précédente est éloigné du bleu, ce qui indique que les couleurs rouges sont aussi destructives du vert que du bleu. Le blanc lui-même est préjudiciable à la beauté des tons verts que l'on devrait éclaircir seulement avec du jaune si l'économie n'obligeait pas à se servir toujours du blanc pour faire les teintes et avoir la base solide des peintures.

Maintenant, voici une dernière expérience dans une toute autre gamme dont la composition est un peu plus difficile à saisir : ce sont des tons gris de diverses origines, mais dont on sentira toutefois fort bien encore le point de départ.

Composer les cinq tons suivants :

N° 1, gris simple par le blanc et noir, mais légèrement réchauffé par une pointe de terre de Sienne naturelle.

N° 2, gris laine composé de blanc avec un peu de laque et une pointe de Sienne brûlée.

N° 3, gris vineux où la présence du rouge se fera sentir fortement : composé de blanc avec un peu d'ocre rouge, une pointe de vermillon et très peu de bleu pour atténuer le rouge et pousser au gris.

N° 4, gris vineux foncé : la sensation du rouge sera moins franche, ce qui indiquera la présence d'un rouge plus sourd que le vermillon contenu dans le ton précédent. Composition : blanc, ocre rouge, pointe de noir et de bleu.

N° 5, gris ardoise. Blanc, noir et une pointe d'ocre rouge pour réchauffer le ton.

En faisant un tableau de ces gammes de tons divers, le peintre aura ainsi constamment sous les yeux une base d'appréciation des nuances et des valeurs dont il retirera le plus grand profit, ce que, à notre très grand regret, il ne nous a pas été possible d'établir dans ce volume.

DE L'HARMONIE DES NUANCES ET DE LA VALEUR DES TONS

Nous venons d'examiner les couleurs sous leur aspect individuel et dans leur rapport avec le blanc servant de base à la confection générale des teintes ; nous avons ensuite indiqué quelques exemples de tons à étudier séparément afin d'expliquer comment on peut en saisir la composition.

Il nous faut à présent étudier la façon de rendre harmonieux plusieurs tons réunis, juxtaposés, dans un travail d'ensemble coloré.

Nous devons nous placer évidemment au point de vue de la peinture en bâtiment, et, hâtons-nous de le dire, pour l'importante raison (peut-être incomprise) que les besoins de ladite peinture modifient beaucoup les principes habituellement connus sur l'harmonie des couleurs et nécessitent une façon très particulière de comprendre cette harmonie par l'accord des tons ou des nuances diverses voisinant entre elles.

En principe absolu, les couleurs et les tons d'une nuance subissent une influence modificatrice très appréciable par leur voisinage réciproque et immédiat, ce qu'on appelle la juxtaposition.

Cette influence se manifeste par une exaltation ou une diminution d'intensité ; souvent même il y a modification profonde des nuances elles-mêmes par suite de l'opposition qu'elles reçoivent et qui résulte du contraste simultané indiqué par Chevreul dans la loi des contrastes. On use beaucoup de cette loi et principalement du contraste simultané dans la peinture artistique ainsi que dans la grande décoration pour créer des effets ; on doit également l'utiliser pour la peinture en bâtiment, mais en tenant compte de la très grande différence des surfaces sur lesquelles on opère habituellement, car, à l'effet de contraste ou d'opposition simple, vient encore s'ajouter l'*opposition de masse* ; une couleur prenant d'autant plus d'importance qu'elle s'offre au regard sur une plus grande étendue, qu'elle couvre une plus grande surface.

Dans un ensemble de peintures plates qui présentent des surfaces relativement importantes, comme les plafonds, les murs, les portes, etc., il devient nécessaire de tenir les nuances dans des valeurs très moyennes, d'intensité très réduite et plutôt douce. En effet, si nos murs, nos plafonds, nos boiseries, étaient de colorations aussi vigoureuses que celles employées dans la peinture artistique, ou seulement mises en opposition comme celles de la .peinture décorative, l'ampleur de ces surfaces en rendrait l'impression désagréable et pénible à la vue, insupportable même dans certains cas, car, si la couleur, en soi, est agréable et belle, l'excès de la couleur est aussi fatigant pour l'œil que l'excès de musique est fatigant pour l'oreille. C'est pourquoi les peintures exécutées dans le *bâtiment* sont généralement très adoucies et les tons fort peu tranchés entre eux.

Dans la majeure partie des cas, on fait les peintures *ton sur ton*, c'est-à-dire en n'employant qu'une seule nuance, rose, jaune, bleue ou grise, dans des valeurs diverses, ce qui a l'avantage de ne pas papilloter ni fatiguer la vue. Et c'est cette habitude de se tenir toujours dans des gammes de tons semblables, qui empêche la plupart des peintres en bâtiment de devenir bons coloristes ou tout au moins coloristes audacieux, comme certains décorateurs qui, eux, au contraire, doivent rechercher les effets de contraste pour faire valoir les tons qu'ils emploient et qui toujours demandent une vigueur relative pour trancher suffisamment sur les fonds. C'est encore l'habitude de faire des tons ne heurtant pas la vue, qui fait orienter les peintres en bâtiment presque malgré eux vers les nuances rompues, indécises, mais toujours calmes entre elles et qui, on doit l'avouer, sont très souvent agréables et dont l'unique défaut est presque toujours le manque de finesse ; mais à cela, il y a une excuse, car les couleurs que l'on met habituellement sur les chantiers à la disposition des chefs et de tout autre ouvrier susceptible de faire des tons, ces couleurs ne brillent pas non plus elles-mêmes par la finesse, ce sont invaria-

blement les fameuses *quatre couleurs* : ocre jaune, ocre rouge, noir
de charbon et gros vert avec le blanc comme base, bien entendu.
On ne donne que sur demande expresse et réitérée, les terres de
Sienne et d'ombre, du bleu et un vert moins lourd ; quant au
jaune de chrome et au vermillon, ces deux couleurs puissantes
dont il faut si peu, de manière générale, pour les tons du bâtiment, elles n'arrivent sur un chantier qu'après des formalités
excessives. A notre avis, si bon nombre de peintres manquent de
jugement comme coloristes, c'est à cela qu'ils le doivent car, ne
sortant pas des *quatre couleurs*, ils ne peuvent guère apprécier
l'effet que produit dans une teinte un peu de terre d'ombre, ou de
Sienne brûlée, une pointe de chrome ou de vermillon additionnées judicieusement dans un mélange où il n'est entré que les
couleurs rudimentaires des ocres. Mais on doit reconnaître que la
plupart des ouvriers de bâtiment savent merveilleusement tirer
parti des quatre couleurs traditionnelles.

Revenons maintenant à notre étude sur l'influence réciproque
des couleurs et des tons ; cette influence, avons-nous dit, est exercée
par le voisinage immédiat, l'attouchement ou le contact, pourrait-
on dire, de deux nuances, car, s'il n'y a pas contact, l'effet de contraste est, sinon complètement nul, du moins considérablement
réduit ; mais, quand deux nuances se touchent, cet effet d'influence
est très appréciable à l'œil. Et c'est de la connaissance exacte des
lois de cette influence que dépend le savoir de tout coloriste.

Sans vouloir définir en ses détails la fameuse loi des contrastes,
disons simplement, avant d'aller plus loin, quel est son principe :

Toute couleur, juxtaposée à une autre, est influencée par la
complémentaire de celle-ci, ou mieux encore : deux couleurs
juxtaposées sont influencées par leur complémentaire réciproque.

De ce principe il s'ensuit qu'un ton jaune placé à côté d'un ton
bleu paraîtra plus chaud, moins blafard parce qu'il sera influencé
par l'orangé qui est complémentaire du bleu ; le bleu sera lui-
même exalté de puissance, parce que le jaune est d'un ton presque
complémentaire du bleu, et que les complémentaires s'exaltent
mutuellement.

Si le ton jaune est accompagné d'un ton rouge, il semblera

plus clair, plus cru, légèrement verdâtre, et le rouge s'assombrira, perdra de l'éclat.

Avec le vert comme opposition, le ton jaune gagnera de la chaleur et sera moins blafard qu'avec le bleu, le vert paraîtra plus foncé.

Les tons gris ont toujours l'avantage d'augmenter l'intensité ou l'éclat des colorations avec lesquelles on les fait marcher, mais eux-mêmes se trouvent influencés ; ils semblent violacés à côté du jaune ; très chauds à côté du vert et du bleu; bleuâtres à côté d'un ton orangé. Il est inutile de développer davantage ces exemples du contraste simultané, puisque, dans les tons de la peinture en bâtiment, l'emploi des nuances tranchées est très rare, on utilise presque toujours des nuances très adoucies et neutres le plus souvent, nous l'avons expliqué déjà en en donnant les motifs.

D'ailleurs, le dogme du contraste simultané tient en deux lignes : nous venons de le voir à la page précédente, et comme détails du principe énoncé, il suffit d'indiquer que le rouge a pour complémentaire le vert, que le bleu a pour complémentaire l'orangé et que le jaune est complété par le violet, voilà tout ; et inversement, le vert influencera une autre couleur par du rouge, l'orangé influencera par du bleu, et le violet influencera par du jaune.

Donc, il est très facile de savoir à l'avance ce que produira tel ou tel ton, que l'on placera à côté de tel autre ton, et l'on sera encore fixé exactement dans le choix de la nuance à mettre en contact avec telle ou telle autre, pour l'augmenter de valeur, pour la réchauffer ou la refroidir selon le besoin qui s'en trouve.

Mais il est un point à retenir, c'est la différence qui existe entre les effets du contraste physique et les effets du mélange réel ; expliquons-nous.

Quand il s'agit, dans la peinture, de réchauffer un ton quelconque ou de le refroidir, on procède, dans le premier cas, par l'addition d'un rouge relatif dans la teinte, dans le second cas, addition d'un vert relatif, du blanc, ou d'un jaune pâle... Mais si l'on veut réchauffer un ton déjà *appliqué* sur une surface, (porte, mur ou plafond), sans le recommencer, on n'a plus la même ressource, et pour le modifier on ne peut compter que sur l'effet du contraste, et alors ce ne sera plus en poussant au rouge le ton contrastant, car le rouge donnerait du vert et refroidirait par conséquent le ton au lieu de le réchauffer ; c'est une nuance verdâtre qu'il faudra mettre à côté, puisque le vert procure un influence de rouge.

Nous avons vu tout à l'heure en effet qu'un jaune blafard devient plus chaud, moins cru par la juxtaposition d'un vert, et, qu'au contraire, il semble plus clair, légèrement verdâtre s'il est accompagné d'un rouge.

Cette remarque prouve deux choses : d'abord que les nuances d'une peinture sont toujours modifiables, même après une application, et sans qu'il soit besoin de changer toutes les teintes ; ensuite que la modification à apporter après coup, en s'aidant de la loi des contrastes, ne pourra pas s'obtenir par les mêmes principes que ceux des mélanges, et qu'en outre ceux-ci donnent une nuance réelle, tandis que les contrastes donnent seulement une nuance apparente, une illusion de ton.

La connaissance des contrastes est donc utile au peintre en bâtiment quoiqu'elle ne donne que des modifications apparentes, car il sera appelé bien souvent à se servir des modifications qu'elle procure pour racheter les erreurs de coloris qu'il aura pu commettre bien malgré lui. Ainsi, dans le cas où deux tons ne s'accordent pas, on peut créer cet accord d'une façon bien simple ; en séparant les deux tons par un autre d'une gamme plus claire ou plus foncée, ce qui aura seulement pour inconvénient d'avoir une peinture à trois tons au lieu de deux, mais on n'aura pour cela qu'à peindre les plates-bandes, listels ou contre-champs avec ce troisième ton, travail supplémentaire qui n'use pas beaucoup de marchandise et n'emploie pas beaucoup de temps, en somme peu coûteux et préférable en tout cas plutôt que de recommencer la peinture des panneaux ou même celle des champs d'encadrement.

Si l'on veut être guidé théoriquement pour faire des peintures harmonieuses, nous ajouterons qu'il faut, en plus des principes ci-dessus énoncés, retenir que plus la surface est grande, plus le ton doit être atténué, ce qui se fait d'ailleurs dans la pratique, où les murs, les plafonds et les panneaux de boiseries sont toujours de nuance plus claire que les champs, mais se rappeler que ceux-ci devront être également considérés *dans leur masse* et être traités d'autant plus doux qu'ils sont plus larges ; même remarque pour les bordures, les bandes, les filets, etc..

CHAPITRE IV

LES ASPECTS DIVERS DE LA PEINTURE A L'HUILE, BRILLANTE, MATE, VERNIE, ENCAUSTIQUÉE

LES PEINTURES DITES LAQUÉES OU VERNISSÉES NOUVELLEMENT INTRODUITES DANS LES TRAVAUX. RIPOLIN ET PRODUITS SIMILAIRES, PEINTURES A LA COLLE, A LA CHAUX, AU SILICATE.

La peinture à l'huile se présente sous des aspects très différents : elle est en effet tantôt brillante, tantôt mate, elle est souvent vernie ou cirée. Nous devons examiner les raisons de ces différences d'aspect.

La peinture est *brillante* par elle-même quand elle a été préparée tout à l'huile ou avec de l'huile en excès. On l'utilise sous cet aspect pour les extérieurs en général, sur les plâtres et les boiseries, quand ces dernières n'ont pas à subir de vernissage, de même à l'intérieur et également sur les plâtres, mais toutefois lorsqu'on n'y doit faire aucun travail de décor, tels que les murs de cuisine, des couloirs, des sous-sols, des lavabos.

La peinture est *mate* quand elle est préparée tout à l'essence, ou lorsque l'essence est en excès considérable ; on l'utilise ainsi pour la généralité des travaux à l'intérieur de l'habitation, dans les chambres et autres pièces de la maison, ainsi que sur quelques surfaces de murs distribuées en panneaux, et sur lesquelles on se propose de faire des peintures unies, lisses ou pochées à plusieurs tons.

PEINTURE VERNIE

La peinture est *vernie* dans tous les travaux de décor pour les faux bois et les faux marbres, sauf exception pour la cire dont nous allons parler. Elle est encore vernie dans tous les cas où les teintes ont été préparées très maigres à l'extérieur et avec des couleurs qui n'ont par elles-mêmes aucune résistance ; les devantures de boutiques, les portes cochères sont dans ce cas ainsi que les murs et les plafonds de magasins, et toutes les boiseries qui ont à supporter la fatigue des salissures et des frottements des usages domestiques, parmi lesquels on peut encore citer les plafonds et les murs de vestibules, les cages d'escalier, l'intérieur complet des établissements de débit, des cafés, etc.

Il y a plusieurs sortes de vernis :

Les vernis pour extérieur, les vernis pour intérieur, les vernis blancs, les vernis noirs.

Il y a aussi des vernis spéciaux pour les planchers, pour les voitures, et les vernis à l'alcool, mais ces derniers ne sont pas en usage dans la peinture en bâtiment où d'ailleurs ils ne rendraient que de mauvais services ; il faut en excepter toutefois les vernis dits siccatifs brillants, qui sont employés uniquement pour la peinture des carreaux rouges dont les cuisines et les mansardes sont souvent pavées, ainsi que sur des planchers de petites chambres ; dans ce cas très spécial de l'emploi du vernis à l'alcool, il faut avoir soin de bien dégraisser les vieux fonds par un bon lavage à l'eau seconde ou d'une eau de potasse quelconque ; pour faire un travail convenable, il est de toute importance que les fonds soient préalablement peints en rouge ou en jaune par une teinte maigre, 1/4 d'huile et 3/4 d'essence, et sur laquelle une fois sèche on applique le siccatif brillant.

Dans l'application des autres vernis sur les peintures préparées à cet effet, il y a lieu de faire ressortir l'importance de ne tolérer aucune addition d'huile dans le vernis, ne fût-ce qu'une goutte, c'est le plus détestable mélange qu'on puisse faire ; le vernis ainsi coupé deviendra poisseux et poussera au cloquage, de même que, si les fonds sont quelque peu gras, on aura le même inconvénient. Un vernis, quand il est réellement trop fort, trop dur à appliquer, ne doit être coupé qu'à l'essence, et encore, est-ce une mauvaise opération qui a pour conséquence immédiate de lui enlever sa qualité de résistance et de le pousser au farinage dans un laps de temps assez court ; en tout cas, cela lui enlève de suite une bonne partie de son brillant.

Il ne faut pas lésiner sur le prix d'un vernis, et l'on doit toujours chercher à l'employer tel quel.

Pour les travaux à l'extérieur, n'employer que du vernis gras-extérieur, et pour les travaux intérieurs du vernis gras-intérieur ; pour les peintures très claires, il faut ne faire d'autre usage que celui des vernis blancs au copal. Se méfier des prétendus vernis gras-blancs extérieurs, car un vernis pour être gras doit être fabriqué à base d'huile de lin avec des gommes très dures ; ces deux substances, pour être bien amalgamées, subissent une cuisson considérable qui pousse à la coloration foncée, l'huile et les gommes, mais l'huile surtout. On ne saurait donc avoir un réel vernis *blanc* par ce moyen, et, comme il n'en est pas d'autre pour obtenir des vernis *gras*, il s'ensuit que tout vernis réellement blanc n'est pas essentiellement à base d'huile, donc moins solide inévitablement. Les vrais vernis blancs sont à base d'essence alliée *à des gommes blanches choisies*, de dureté moins grande que les gommes foncées, afin de ne pas être obligé de porter à une ébullition prolongée, et ainsi réduire au minimum la coloration qui en résulterait. Or, la base même de ces vernis implique indubitablement une solidité moins grande que ceux dont l'huile est la base. Du reste la pratique indique bien que les meilleurs vernis blancs ne résistent que fort peu à l'extérieur.

Et si l'on veut objecter qu'aujourd'hui les peintures vernissées supportent une très grande fatigue, quoique blanches, nous répondrons à cela que ces peintures sont à base d'huile (celles du type Ripolin), qu'une longue et forte ébullition a convertie en vernis naturel ; ces peintures ne sont pas translucides comme les vernis mais opaques, très chargées de blanc qui masque ainsi la coloration que peut avoir le véhicule. Dans des conditions aussi opposées on ne peut donc porter un jugement identique sur les deux genres de produits. Nous reviendrons ultérieurement sur le rôle des peintures vernissées qui sont tout à fait entrées dans les mœurs, et que les peintres, malgré leur première résistance et leur peu d'empressement actuel, sont contraints d'employer dans beaucoup de cas.

Quant aux vernis noirs, ils sont généralement de qualité très inférieure, au point de vue de la solidité... et comme beauté on ne peut guère invoquer que *le vernis noir-Japon* qui donne une profondeur extraordinaire aux peintures, et qui doit toujours être appliqué sur des fonds préalablement noirs car il a, par lui-même, une coloration rousse qui ne permet pas de l'employer seul, si l'on veut avoir de très beaux tons noirs, et sur lequel on doit passer un autre vernis résistant, car sa solidité propre est très relative.

L'emploi et le choix des vernis est très important dans tous les travaux, mais surtout dans les travaux de peinture *polie*, et dans le travail de la voiture.

Sous ce rapport les vernis anglais ont été longtemps préférés à tous les autres. Aujourd'hui la fabrication française, ou continentale peut rivaliser et même dépasser la qualité anglaise pour la solidité ; toutefois les vernis anglais ont toujours pour eux un moelleux particulier et procurent une facilité d'emploi que les vernis français ne possèdent pas au même degré.

Aucun produit nécessaire à la peinture ne demande autant de soins dans le choix et dans la conservation ; les bidons ne doivent jamais être laissés longtemps en vidange, l'introduction de l'air faisant épaissir le vernis ; on doit les placer de préférence dans un endroit frais mais non humide, par exemple dans une cave saine et les mettre sur un rayon qui les isole du sol et du mur. Tout restant de vernis, coupé ou non, doit être mis à part et non reversé dans le bidon d'origine.

PEINTURE CIRÉE

La peinture est cirée, c'est-à-dire passée à l'encaustique, dans des cas assez spéciaux, d'abord en remplacement de vernis pour les peintures claires telles que les murs en décor-marbre, dans les cages d'escalier et les plafonds que l'on veut conserver blancs.

On passe aussi quelquefois les peintures à l'encaustique, par-dessus le vernis, pour le lustrage de celui-ci, dans certains travaux soignés tels que les boiseries qui ont été faites en travaux *polis*, mais seulement pour les intérieurs, car la cire n'offre aucune résistance à l'extérieur.

Dans tous les cas de lustrage ou application de cire sur un vernis, il est de toute nécessité de polir préalablement celui-ci, sans cela, il refuserait l'encaustique.

Une fois l'encaustique appliquée et sèche, la peinture est passée au chiffon de flanelle pour le lustrage dont le but est de donner un léger brillant plus doux et plus agréable que celui du vernis, mais pour les travaux à l'intérieur seulement, l'application de cire à l'extérieur étant de nul effet comme résistance.

Pour la composition d'une encaustique, pour cirer les peintures ou les vernis, il ne faut pas dépasser 200 grammes de cire par litre d'essence de térébenthine, cire vierge (blanche) pour les peintures claires et cire jaune pour les peintures foncées ; cette dernière étant plus grasse peut être employée dans des proportions un peu moindres. Il est important de n'opérer que sur des fonds très secs et très durs et dans une atmosphère absolument sèche, toute cause d'humidité étant préjudiciable à la bonne application et à l'adhérence de la cire. Inutile de recommander l'emploi de camions ou vases très propres ainsi que l'usage de brosses nettes de toute couleur et de tout autre liquide.

PEINTURES DITES LAQUÉES OU VERNISSÉES

Ce genre de peintures est relativement nouveau : il ne date guère que d'une dizaine d'années, du moins quant à la généralisation de leur emploi.

Les peintures vernissées dont le premier type (resté aussi le meilleur) est le Ripolin, portent en elles, comme d'ailleurs toute peinture, les éléments complets de matière solide et de matière liquide ; leur but est de remplacer au moins une opération dans le travail, celle du vernissage dans tous les cas où une peinture doit être brillante et résistante ; elles donnent ainsi l'espérance de finir d'un seul coup ce que l'on aurait dû faire en deux ou trois fois.

Nous disons qu'elles donnent *l'espérance* de finir d'un seul coup... ce mot que nous employons à dessein caractérise la première erreur de jugement que le public en général a porté sur le rôle de ces peintures ; cet espoir n'est une réalité que pour les amateurs qui s'amusent à peindre des menus objets ou des surfaces restreintes de l'habitation, mais pour le peintre il n'en est pas de même, car il lui serait tout à fait impossible d'exécuter un travail de réelle peinture avec le Ripolin seul qui ne peut et ne pourra jamais être utilisé pour les couches premières du bois, du fer ou du plâtre, sa nature vernissée l'en empêche totalement. Le Ripolin, et toutes les peintures du même genre, pour donner tout leur effet, ne doivent venir qu'en dernière application, et être assis sur des fonds parfaitement préparés jusqu'à la deuxième couche, par les moyens ordinaires.

C'est ainsi d'ailleurs qu'on les utilise dans les appartements lorsque ce sont des peintres qui opèrent ; il ne saurait être question ici des errements de l'amateur. Donc, toute surface destinée à être passée au Ripolin, devra être préparée avec tous les soins possibles par une couche d'impression, suivie d'un consciencieux rebouchage et deux couches de peinture ordinaire, tenues maigres, la deuxième surtout ; puis, sur ce fond ainsi préparé, parfaitement sec et sans embus, ou passera le Ripolin qui conservera tout son brillant et se tendra comme il faut, offrant ainsi une surface lisse et belle, présentant par la suite une très grande dureté. Voilà la façon rationnelle d'employer les peintures vernissées auxquelles il faut de toute nécessité une assiette de fond pour leur éviter toute chance d'absorption, d'embus, de maigreur et de côtelage.

L'application du Ripolin demande aussi des soins spéciaux et beaucoup d'attention car il ne faut pas l'appliquer trop grassement par crainte des coulures, principalement dans les angles des moulures ; il faut l'appliquer avec autant d'égards que les plus difficiles vernis et pour éviter les mêmes inconvénients. Employée trop épaisse, la peinture vernissée *pleure*, se ramasse dans les creux et coule aux angles, elle peut même se plisser par suite d'un retard dans le séchage, occasionné par la trop grande épaisseur de teinte appliquée. Employée trop maigre, elle peut *rayer*, *corder*, avoir des maigreurs et un brillant très inégal. Il faut donc s'en tenir à un juste milieu, ni trop gras, ni trop maigre et savoir à cet effet utiliser des brosses bonnes à cet usage... une brosse neuve, aux longues soies est à rejeter, il faut une brosse *faite*, déjà façonnée et raccourcie par l'usage, une brosse trop dure ou trop courte n'est pas bonne non plus. Mais, à côté de l'outil, il faut aussi *la main*, et ici une bonne main est indispensable, le peintre inhabile au vernissage ordinaire aura de grandes difficultés pour faire de beau Ripolin. Et comme nous avons déjà vu que les bonnes mains sont plutôt l'exception que la règle, les entrepreneurs de Paris ont été amenés, pour leur sûreté personnelle dans la réussite des peintures vernissées, à confier ce genre de travaux à des spécialistes désignés sous le nom de *Ripolineurs*. On voit donc dans les travaux de quelque importance les peintres faire les apprêts et coucher de fond, puis les Ripolineurs venir terminer par l'application de la peinture vernissée.

Paris est du reste la patrie des spécialités, le lieu de naissance et la terre promise de toutes les catégories ou subdivisions de métiers ; à côté des fileurs, des colleurs, des polisseurs, des enduiseurs, des nettoyeurs, il y avait naturellement place pour les Ripolineurs ! Nous ne désespérons pas de voir un jour apparaître la catégorie des laveurs-lessiveurs, et les spécialistes ponceurs-reboucheurs dont le besoin se fait vivement sentir au milieu de la dégénérescence de la profession de peintre qui s'accentue tous les jours davantage par suite du manque d'apprentissage et du laisser-aller dans le soin des travaux.

En citant ici le Ripolin, nous ne voulons pas dire que de toutes les peintures vernissées il soit le seul à devoir être employé ; car il y a des produits similaires qui sont également très recommandables et sur lesquels on ne saurait jeter l'anathème avant de les avoir essayés. Nous avons fait personnellement des peintures laquées avec des produits d'autres origines commerciales et nous les avons trouvés tous à peu près de la même valeur. En ce moment, nous avons sous les yeux une petite enseigne sur panneau de bois qui fut apprêtée par nos propres soins, il y a six ans ; la peinture laquée qui nous a servi a même été polie à l'instar d'un bon vernis et nous avons dû reconnaître qu'elle supportait bien cette opération ; aujourd'hui après six années, cette petite enseigne est aussi unie qu'au premier jour, et absolument nette de tout défaut.

En somme, on peut, avec ces produits, faire de très belles et bonnes peintures, mais à condition de ne pas les considérer comme plus économiques ; loin de là, car elles nécessitent de très bons apprêts, coûtent relativement cher, et demandent une main-d'œuvre plus considérable que les peintures ordinaires.

L'essor qu'ont pris les peintures vernissées ont eu pour conséquence immédiate de porter un coup mortel à la spécialité des *peintres-laqueurs* pour ameublements qui, autrefois, étaient assez nombreux et dont le tour de main était assez difficile et très délicat ; les peintures laquées demandaient en effet des apprêts ultra-soignés et une grande habileté d'exécution. C'étaient des peintures *au vernis*, c'est-à-dire ayant comme véhicule le vernis seul à l'exclusion de toute huile ou essence, et cela constituait une grande difficulté de réussite à cause de l'inconvénient du pelotage et des reprises.

Cette profession qui fut très spéciale est aujourd'hui à peu près complètement disparue au grand détriment peut-être de la beauté des ameublements de luxe dont les tons clairs rehaussés de dorure et de filage, étaient souvent ornementés de fleurs exécutées toujours par des artistes du genre dont quelques-uns étaient de véritables maîtres.

Puisque nous parlons de la *peinture au vernis*, nous ne pouvons passer sous silence qu'elle fut toujours pratiquée par les peintres, sinon de manière générale, du moins de façon spéciale, et un peu partout.

Bien avant l'apparition du Ripolin, les peintures vernissées étaient connues et utilisées dans nombre de cas où elles donnaient des résultats supérieurs sous le rapport de la solidité. Les Lyonnais, avec leur galipot d'exécution pourtant si difficile, obtenaient néanmoins de bonnes et durables peintures, quoique n'étant pas, dans l'acception du mot, des peintures au vernis.

Dans certaines localités de l'est de la France, on utilisait couramment ce genre de peinture il y a encore une vingtaine d'années, et d'après nos renseignements particuliers elle s'y pratique encore pour certains travaux d'intérieur où rien ne peut l'égaler comme résistance. L'exécution d'une peinture au vernis est difficile, même pour un peintre habile s'il n'en a pas l'habitude ; c'est pourquoi elle est restée à peu près régionale dans ses plus grandes applications.

Mais, ici même, à Paris, est-ce que le travail des plaques de tôles pour enseignes n'est pas une peinture au vernis ? et quoi de plus beau, de plus solide que cette peinture, surtout quand on la fait passer à l'étuve... *plaque vernie au four*, dit-on ! c'est le dernier mot du soin et la meilleure garantie de solidité : le malheur, c'est que la plus grande partie de ces plaques ne voient le four... que de loin, et, comme on dit en terme d'atelier : elles ont passé devant ! Cette sauvette, vrai mensonge commercial, est la meilleure preuve de l'excellence de la peinture à base de vernis, puisque, même sans avoir été au four, elle est d'une solidité sans égale, d'une résistance à toute épreuve.

Une peinture au vernis, faite dans les conditions et avec les attentions voulues, peut dépasser un demi-siècle comme durée, à l'intérieur évidemment. Nous en avons vu dans l'Est, à Saint-Mihiel pour préciser, qui dataient de quarante-cinq ans et ne paraissaient pas plus fanées qu'une peinture ordinaire ayant cinq ou six ans de date, elles ne possédaient aucune craquelure.

De même que pour les peintures vernissées actuelles, il faut pour les peintures au vernis préparer des fonds très convenables, la teinte au vernis venant en tout dernier lieu s'appliquer sur ces fonds déjà très solides et dans le ton que devra avoir définitivement la peinture.

On emploie du vernis de toute première qualité, blanc pour les tons clairs, coloré pour les teintes plus foncées... on y incorpore des couleurs préalablement broyées à l'essence, en pâte très ferme, ou en y infusant du blanc de neige au travers d'un tamis pour les tons blancs.

Une fois le tout bien mélangé, bien suspendu dans le liquide (le vernis), on passe la couche en ayant soin de bien tirer la teinte. Il faut procéder rapidement pour ne pas revenir plus de deux ou trois fois sur les coups de brosses afin d'éviter le pelotage ou bourrage. C'est là tout le secret, mais c'est un tour de main qui ne s'acquiert pas d'un seul coup. Les grandes surfaces sont particulièrement difficiles à réussir à cause des reprises qui deviennent inévitables quand on ne peut mettre le nombre d'hommes nécessaire. Mais enfin ce n'est pas impossible; nous avons vu une cage d'escalier faite entièrement de cette manière, elle était parfaitement réussie, sans aucune reprise ni bavure d'aucune sorte.

Ce genre de peinture est à peu près impraticable aujourd'hui, depuis longtemps même, eu égard à la dépense de main-d'œuvre, par suite du temps employé et il était depuis longtemps délaissé au moins pour les travaux du bâtiment... C'est peut-être pour cette raison que les produits actuels de peinture vernissée ont pris un aussi rapide développement, car ils offrent à peu près la même beauté, tout en étant d'exécution plus facile; se vendant tout préparés, la main-d'œuvre s'est trouvée réduite d'autant et comme ils sont plus moelleux, plus souples que les vernis seuls, le peintre trouvait dans leur élasticité une difficulté bien moindre pour l'application, car si les peintures vernissées sont d'un emploi délicat et nécessitent de l'habileté, ce n'est rien en comparaison des difficultés que présente la peinture au vernis exécutée sur des surfaces simplement de moyenne grandeur.

AUTRES ASPECTS DES PEINTURES
A LA COLLE OU DÉTREMPE A LA CHAUX, AU SILICATE

En outre des divers aspects de la peinture *à l'huile* que nous venons de passer en revue, on fait encore de belles et nombreuses peintures avec d'autres bases que l'huile, l'essence et les vernis.

Mais celles-là sont loin de valoir celles-ci comme beauté et comme résistance; ce sont à proprement parler des peintures économiques dont l'eau est la base essentielle, avec un agglutinant comme fixateur.

En tout premier lieu, nous avons la peinture à la colle dont l'agglutinant fut pendant très longtemps la colle de peau.

Aujourd'hui, et non sans peine, la colle est remplacée par les blancs gélatineux dont l'emploi a levé toutes les difficultés que comportait la colle.

D'abord, le chauffage de celle-ci pour la dissoudre, la liquéfier afin de l'introduire dans le blanc préalablement infusé, a été supprimé puisque les blancs gélatineux sont fournis en pâte toute collée qu'il suffit d'allonger d'eau froide pour mettre à l'état de liquidité voulue.

Ensuite l'assurance presque absolue de ne pas avoir de reprises dans la surface peinte si grande fût-elle, résultat qu'il était fort difficile d'obtenir par l'emploi de la colle de peau.

Enfin, la suppression très fréquente d'une opération, la première couche ; beaucoup de plafonds en effet pouvant se réussir avec une seule application de teinte au blanc gélatineux, chose absolument impossible avec la colle de peau, où l'on devait préalablement donner, sur le fond, une couche de colle *chaude* appelée *encollage*. Maintenant l'encollage n'existe plus, le blanc gélatineux glisse sur le plâtre et n'a pas besoin d'en être isolé, comme c'était le cas autrefois.

Ce sont donc autant de commodités conquises sur la vieille colle dont le règne semble à jamais terminé.

Toutefois, les blancs gélatineux jouent encore quelques mauvais tours aux peintres : aussi les vétérans professionnels en arrivent parfois à regretter l'ancien système qui, quoique plus difficile, était au moins plus sûr ; mais, ainsi que nous venons de le dire, le règne de la colle de peau est fini, elle est définitivement détrônée.

Cependant elle avait la vie dure et les premiers coups qu'on lui porta ne lui firent pas grand mal.

On lui opposa tout d'abord des colles dites *solubles* qui avaient pour avantage de supprimer le chauffage indispensable pour faire fondre la colle de peau, mais les colles solubles, dont le type était la colle Graffard, avaient le grave inconvénient de se craqueler, de s'écailler, elles n'obtinrent qu'un médiocre succès. Ensuite, vinrent *les blancs fixes*, lancés par M. Hatton, ils étaient vendus en poudre, mais comportaient en eux-mêmes leur principe collant, ou fixateur. Seulement il fallait les dissoudre à l'eau bouillante, ce qui n'était pas un grand avantage sur la colle puisque on devait encore chauffer sur le chantier même.

Enfin, on eut l'idée de les convertir en pâte humide et on lança *les blancs*, dits *gélatineux*, qui obtinrent une faveur très rapide dans le monde des entrepreneurs lesquels virent dans leur emploi une grande économie de temps, et parmi les ouvriers, on ne songea pas à s'en plaindre à cause des grandes facilités de préparation et surtout d'exécution de cette nouvelle base de la peinture en détrempe...

Ces recherches successives ont duré plus de vingt ans, il faut avouer que la colle de peau a bravement lutté contre les promoteurs de sa déchéance. Mais il n'y a pas à lutter contre les améliorations d'ordre économique surtout, ni contre l'abolition des difficultés de la pratique et, en cela les peintres ont prouvé qu'ils ne sont pas, comme on l'a si souvent prétendu au cours de la dernière campagne contre la céruse, des routiniers incorrigibles; disons même en passant, que du jour où l'on aura trouvé un blanc qui aura des avantages sérieux sur la céruse, ou même équivalents, sans avoir ses défauts, ce jour-là, le blanc de plomb sera vaincu sans que pour cela on ait besoin de faire campagne; les peintres ne sont-ils pas les meilleurs juges de leurs intérêts, et assez intelligents pour démêler les bons résultats des mauvais.

Pour en revenir à la peinture à la colle (conservons lui ce nom puisqu'elle le garde encore dans la technologie de la peinture), il est à remarquer que son emploi est très généralisé dans l'ensemble des travaux où elle occupe une place importante. On l'utilise en effet, pour la majeure partie des plafonds et une grande partie des surfaces de murs dont on fait seulement à l'huile, la partie basse, et tout le reste de la hauteur, à la colle.

Elle supporte toutes les variétés de tons généralement employés en leur donnant un aspect plein de finesse.

Mais elle ne présente aucune solidité réelle, la moindre goutte d'eau la pénètre et l'enlève s'il y a frottement, même léger; elle n'est donc pas lavable, et c'est pour cette raison qu'on la place surtout dans les hauteurs, à l'abri des contacts et des éclaboussures. Ce défaut est en partie racheté par l'avantage de sa réfection très facile, car il suffit de laver à l'eau seule pour pouvoir recommencer, ce qui est un grand avantage pratique.

Les peintures en détrempe, dites à la colle, ne sauraient d'ailleurs avoir une bien grande résistance puisque la plus grande partie de leur véhicule est l'eau, que l'eau s'évapore par l'action de l'air, et détermine le séchage : la couleur, ainsi privée de son véhicule, n'a plus pour soutien que le principe agglutinant, colle ou gélatine incorporée à l'eau qui a servi à détremper la masse ; or, toutes les colles et gélatines se désagrègent progressivement sous l'action de l'air et de l'humidité, elles disparaissent même totalement. C'est ce qui explique que les peintures à la colle s'en vont au frottement des doigts au bout d'un temps variable selon la nature de la colle employée, mais toujours assez rapidement ; la peinture, alors, n'est plus constituée que par la base, le blanc d'Espagne ou tout autre blanc crayeux, ou le sulfate de baryte qui n'ont, par eux-mêmes, aucune espèce de résistance. Ce sont des corps inertes qui ne se dissolvent pas plus dans l'eau que dans les huiles ; ils ne font que se suspendre dans ces liquides pour se précipiter dès que l'évaporation des liquides a eu lieu et lorsque les agglutinants ne retiennent plus leurs molécules ; s'ils restent encore adhérents aux surfaces sur lesquelles on les a appliqués, ils n'y sont retenus que très faiblement par les rugosités poreuses de ces surfaces, mais, au moindre frottement, ils tombent en poussière. C'est, du reste, ce que chacun peut voir journellement, et nous n'apprenons là rien de nouveau quant aux résultats, mais nous avons tenu à expliquer *pourquoi* ils se produisent, et démontrer que, de par la nature même de ces matières, il ne peut pas s'en produire d'autres.

Et là encore, nous retrouvons notre démonstration du début concernant les causes de la solidité des peintures, à savoir que la résistance est due à la combinaison des éléments qui constituent la peinture : quand les éléments ne se combinent pas, il n'y a que simple mélange, et chacun des éléments, quoique mélangé, demeure ce qu'il était avant sa réunion à l'autre élément avec ni plus ni moins de propriétés que celles qu'il possédait lorsqu'il en était séparé.

Les matières inertes constituant des peintures ne doivent donc leur durée plus ou moins longue qu'aux seules vertus des liquides qui leur servent de véhicule et dont la présence dans le mélange retient, soudées entre elles, les molécules de ces matières.

Dans la peinture à l'huile, les corps inertes ont pour véhicule un principe gras, consistant, élastique et rebelle à l'humidité, qui maintient ces corps tant qu'il résiste lui-même ; tandis que dans la peinture à la détrempe ordinaire, les matières inertes n'ont pour soutien que la colle, la gélatine ou des gommes tendres très hygrométriques, tous produits peu consistants, facilement altérables et dont la faible résistance se trouve encore affaiblie par l'adjonction de l'eau nécessaire à l'emploi de la peinture. Dans de semblables conditions, où tous les éléments qui composent la peinture sont si peu consistants et résistants, il ne peut, il ne saurait exister de solidité réelle.

PEINTURES A L'EAU, LAVABLES

DU GENRE MATOLIN, DU SOLO, ETC.

Mais il nous faut signaler de nouvelles peintures en détrempe *spéciale* qui ont la prétention de pouvoir supporter les lavages : *le Matolin, le Solo, l'Acquatinta* et autres produits, nouveaux encore, déjà très employés et dont les résultats semblent devoir se confirmer, pour le moment du moins.

Ces produits ne sont pas, à proprement parler des peintures *à la colle*, mais des peintures en détrempe ayant un élément fixateur particulier et tout autre qu'une colle ou gélatine quelconque, quoique également soluble dans l'eau. Ils nous rappellent beaucoup le *Silicate-Paint* produit qui fut lancé il y a environ dix ou douze ans mais ne survécut pas malgré ses très réelles qualités. Le mode d'emploi du Matolin n'a pas cependant la facilité, la simplicité ni le bas prix des Blancs gélatineux, il est vrai que ceux-ci ne sont pas lavables. Toutefois sa résistance à l'eau est relative et ne devient effective que trois semaines après son application ce qui indique l'intervention d'un phénomène physique dont il faut attendre les effets d'ailleurs incertains.

De même pour le Solo et autres peintures similaires dont nous ne pouvons recommander ici l'une plutôt que l'autre, c'est au peintre à les essayer et à les juger par lui-même, car malgré toutes les affirmations des courtiers, certains produits ne supportent pas victorieusement les essais sérieux de la pratique courante.

BADIGEONS

On badigeonne à la chaux et aussi au silicate, mais ces deux produits ne se comportent pas du tout comme la colle ou les blancs gélatineux où les peintures du genre Matolin.

La chaux et le silicate portent en eux le principe de résistance sans autre addition d'agglutinant, ils ont l'avantage de pouvoir supporter la pluie, et pour cette raison on les utilise à l'extérieur où la peinture à la colle ne saurait être admise eu égard à son manque de résistance aux eaux pluviales comme à toute cause d'humidité.

Nous ne nous étendrons pas beaucoup sur l'emploi des badigeons qui sont plutôt l'apanage du maçon dans les campagnes.

La chaux, comme le silicate, a pour défaut principal de s'écailler fortement et relativement vite, le silicate surtout. On ne les applique, d'ailleurs, l'un et l'autre que pour des travaux grossiers où l'économie est de rigueur absolue et où il n'est besoin que de nettoyer des surfaces trop noires, trop sales.

On prépare le badigeon à la chaux en plaçant les pierres de chaux vive dans un baquet sec et bien étanche, on y projette de l'eau de pluie si possible ou de l'eau de rivière, mais en petite quantité d'abord ; au bout de quelques instants, les pierres de chaux entrent en effervescence et commencent à se désagréger, à s'ouvrir en bouillonnant, on continue l'aspersion et l'on attend encore ; l'effervescence s'accentue et devient très vive ; on laisse aller encore pour que les pierres s'ouvrent et s'effritent le plus complètement possible ; il faut asperger d'abord, attendre, puis mouiller davantage à intervalles assez espacés que le ralentissement de la désagrégation l'indique, enfin on mouille jusqu'à recouvrir tout le dessus de la pâte qui se forme et ainsi de suite en progressant, mais sans jamais noyer le tout, car l'extinction ne serait pas complète et produirait une multitude de cailloux dans la pâte.

Quand l'ébullition a cessé, on met de l'eau jusqu'à absorption complète, l'eau arrivant fort au-dessus de la masse ; on laisse au repos jusqu'à refroidissement, la chaux est alors dite éteinte et bonne pour l'emploi.

On malaxe bien le tout à la main, écrasant les grains tendres et laissant ceux qui sont trop durs, car ils ne se dissoudront plus : la masse ainsi triturée, doit former une pâte assez ferme, une boue très blanche qui servira de base à la teinte de badigeon.

On donne toujours deux couches; la première est tenue très liquide, environ dix litres d'eau pour un kilogramme de pâte de chaux éteinte. C'est un lait de chaux qui servira de première couche donnée en travers, c'est-à-dire dans le sens opposé à celui dans lequel la surface doit être peinte; la seconde couche est donnée dans le sens exact de cette surface : on passe généralement la première couche, telle quelle, sans la teinter; mais la seconde est faite dans le ton voulu, ton pierre, jaune pâle, presque toujours; le ton s'obtient avec des couleurs terreuses telles que les ocres, on emploie aussi le bleu commun dit bleu de blanchisseuse, les verts de zinc et le noir de charbon.

Dans la teinte de seconde couche, on incorpore souvent de l'alun dont on a fait une dissolution préalablement, et, pour donner à la chaux une plus grande solidité, on peut ajouter du chlorure de baryum également en dissolution. Les proportions les plus convenables sont les suivantes :

Pâte de chaux éteinte, 5 kilogrammes; eau de pluie ou de rivière, 22 à 25 litres; alun dissous, 4 à 5 litres : chlorure de baryum au 1/5, 2 à 3 litres. *On doit passer au tamis toutes les teintes de badigeons avant de s'en servir.*

Le badigeonnage au silicate s'opère à raison de trois couches successives. Sa réussite n'est jamais garantie, il détériore les brosses et les vêtements. La première couche est composée de 2/3 d'eau pour 1/3 de silicate; la deuxième, parties égales d'eau et de silicate, en teintant de couleurs s'il y a lieu; la troisième couche, 2/3 de silicate et 1/3 d'eau.

La base des teintes au silicate est l'oxyde pierreux, et les couleurs terreuses comme pour la chaux.

On ne doit pas perdre de vue que toutes les teintes de badigeons, comme celles à la colle, doivent être tenues beaucoup plus foncées que le ton à obtenir, car elles blanchissent au moins de moitié par le séchage.

PRATIQUE DES TRAVAUX

CHAPITRE V

DES APPRÊTS GÉNÉRAUX DANS LA PEINTURE A L'HUILE

L'ÉGRENAGE ET LES IMPRESSIONS

De même que dans tous les autres métiers, les apprêts sont, dans la peinture, d'une importance capitale ; ils constituent la base même du travail de quelque nature et de quelque importance qu'il soit, et, de cette base dépend la plus grande partie de la réussite, en beauté comme en solidité.

Les apprêts de peinture sont nombreux et très divers ; on pourrait dire que chaque cas de travail possède un apprêt particulier, ou tout au moins une façon particulière d'être apprêté.

Toutefois il est des apprêts généraux qui s'appliquent à presque tous les cas de la pratique courante : c'est par ceux-là que nous allons commencer en examinant d'abord la préparation des *travaux neufs*.

L'époussetage et l'égrenage sont les deux opérations préliminaires à exécuter sur tous matériaux à l'état de neuf.

Toutes les parties de murs et de plafonds doivent être soumises à l'égrenage au moyen du grattoir que l'on promène en appuyant légèrement sur toute l'étendue des surfaces afin de faire disparaître tout relief, toute adhérence étrangère, grains, épaisseurs, etc.

Les plâtres ont particulièrement besoin d'être égrenés à cause de leur nature poreuse et rugueuse.

Dans les pays où le plâtre n'est pas employé au revêtement des murs, on utilise les mortiers de chaux dont la contexture très serrée donne des surfaces bien lisses. Sur ces enduits glissants, l'emploi du grattoir est moins impérieux, on peut se contenter de passer le couteau à plat, pour être au moins assuré contre la présence ultérieure d'aspérités quelconques.

Les surfaces des boiseries, portes, fenêtres, lambris, corniches, etc., ne demandent qu'un époussetage comme première opération. Cependant, dans beaucoup de leurs parties à l'extérieur, les boiseries ont également besoin d'être égrenées et brossées à la brosse de chiendent pour enlever toutes les épaisseurs de plâtre ou de mortier qui proviennent des éclaboussures occasionnées par les scellements des bâtis, des huisseries, des gonds des portes, etc., etc.

Toute opération d'égrenage devrait être suivie d'un époussetage qui, dans la pratique, ne s'exécute que bien rarement, trop rarement, eu égard à la logique du travail ; quand par hasard on formule cette objection, il vous est répondu tout simplement que *ce n'est pas l'habitude*. Le métier est plein de ces choses-là, on a, ou on n'a pas l'habitude ; quelle puissance de raisonnement ! Il faut pourtant convenir que des murs qui ont été passés au grattoir sont saupoudrés copieusement et que ce saupoudrage deviendra gênant quand on appliquera la première couche de peinture, et plus gênant encore dans le cas d'enduisage où l'égrenage doit être plus particulièrement soigné, car sous l'enduit il ne faut pas de grains ni même de poussière. On doit ainsi veiller surtout à l'égrenage des murs de cuisine, de water-closets, des couloirs de dégagements, des cages d'escaliers, des vestibules, et de manière générale pour toute surface devant être peinte à l'huile ; pour les murs destinés à recevoir de la tapisserie, du papier peint et même de la peinture à la colle, on peut, à la rigueur, glisser sur l'égrenage et n'enlever que les gros pépins.

A la suite de ces opérations toutes préliminaires, vient la couche d'impression ou toute première couche de teinte que l'on tient relativement très liquide, mais il convient de ne pas pousser à l'exagération, comme nous le voyons trop souvent faire par des maîtres-compagnons.

Pour les boiseries, il faut une teinte d'impression plus maigre que grasse, 1/3 d'huile et 2/3 d'essence comme teinte des parties à l'intérieur ; pour les parties à l'extérieur on peut mettre moitié de ces deux liquides. Beaucoup de peintres font des impressions en véritables jus, c'est un défaut que l'on doit éviter, il faut que la première couche *laisse quelque chose* sur le bois, autrement elle n'a pas de raison d'être ; si elle est trop fluide et ne laisse aucun dépôt de couleur, elle ne peut soutenir le ponçage au papier de verre qui vient ensuite, de plus, elle nuira à l'adhérence du mastic dans l'opération du rebouchage.

Pour juger du degré de fluidité que doit avoir la teinte d'impression, on peut se baser sur l'opération suivante : la teinte doit couler de la brosse avec laquelle on l'a remuée ; cette brosse, levée au-dessus du camion, doit laisser transparaître les soies à travers la teinte. Si la brosse se vide au point que les soies se trouvent dénudées, il y a trop de liquide ; on doit considérer cette remarque comme une indication destinée à s'approcher le plus près possible du but à atteindre, car le plus sûr moyen c'est encore d'essayer la teinte, mais, au moins, cette indication suffit à préserver de trop grands écarts.

La teinte d'impression pour les murs et plafonds qui ne sont pas destinés à être enduits doit se tenir plus grasse que l'impression des boiseries, moitié huile, moitié essence ; on juge de la fluidité (avant essai) par le moyen indiqué ci-dessus.

Lorsqu'on a à imprimer des moulures en bois formant panneaux sur le nu des murs destinés à être enduits, il y a lieu de rechampir ces moulures afin que le plâtre reste vierge de toute teinte et pour que l'enduit gras qu'on y appliquera ne puisse *rouler* sur les parties atteintes par la couleur. Il est vrai qu'aujourd'hui, avec la rage expéditrice qu'on apporte dans tous les travaux, on fait l'impression des moulures *après* l'enduisage des murs, ce qui évite tout rechampissage.

Dans les travaux du neuf, on a l'habitude, excellente d'ailleurs, de faire les impressions des portes et fenêtres *avant* leur mise en place ; c'est une manière de procéder qu'il faut utiliser le plus possible à cause des grandes facilités qu'elle procure ; d'abord cela empêche le bois de jouer, de voiler, et aussi lui fait supporter mieux les salissures de graisse que la main des poseurs et des ferreurs ne peut manquer d'y apposer par suite de leurs manipulations successives. Dans ce cas d'impression *avant* la pose, on ne doit pas se préoccuper des feuillures de bâtis et de châssis qu'il est préférable de laisser de côté pour la facilité du travail des menuisiers ajusteurs et des serruriers poseurs, la peinture graissant le fer des rabots et la lame des ciseaux, mais les feuillures des vitres doivent être scrupuleusement faites, avec assez de soins même *pour éviter les coulures de teinte dans les angles*. C'est une attention trop négligée dans la pratique, elle a pour inconvénient de laisser des bourrelets qui durcissent et donnent par la suite beaucoup de mal à faire disparaître quand vient le ponçage.

ÉTUDE SUR LE MINIUM

A côté des impressions des boiseries et des plâtres, il y a les impressions des ferrures ; équerres et crémones des fenêtres, paumelles des portes, gonds, pattes, tuyaux, balcons, grillages, etc.

De temps immémorial, c'est avec le minium de plomb que toute ferraille est imprimée, malgré de nombreuses tentatives pour y substituer un prétendu minium de fer qui, on le verra plus loin, ne peut, de par sa nature même, avoir les qualités voulues.

Quand le minium par suite de l'interposition d'une rouille ou de tout autre corps étranger ne touche pas le fer, il ne peut fournir qu'une partie de ses propriétés, il perd la principale, l'adhérence, et comme sans adhérence il n'y a plus protection, le fer continuera à s'oxyder, même sous la couche de minium ou tout au moins sous toutes les parties du métal que le minium ne touche pas directement.

Voici comment nous nous exprimions en 1901 dans le *Journal Manuel de Peintures*, au cours d'une étude sur les raisons de l'emploi du minium :

« On se demande bien souvent pourquoi telle ou telle matière est employée de préférence à toute autre dans des cas déterminés, et lorsqu'on ne trouve pas de raison immédiate, suffisamment péremptoire, on n'est pas éloigné de penser que c'est par pure habitude professionnelle ou simple manie. Or, de toutes les questions du métier de peintre, celle concernant l'emploi du minium à l'impression des fers est certainement la plus souvent posée. La réponse unique, ou presque unique qu'on y ait jamais faite, c'est que le minium est, de toutes les couleurs

connues, celle qui prévient le mieux l'oxydation du fer; mais
cette réponse, pour aussi juste qu'elle soit, est encore trop vague,
trop transcendante et ne satisfait aucunement les esprits chercheurs. C'est du moins ce que nous venons de constater nous-
même à la suite d'une réponse semblable faite à l'un de nos
correspondants qui nous avait posé la question en ces termes :

« Sur quels faits est donc basée l'opinion générale que le minium
de plomb est le préservateur du fer par excellence? serait-ce une
simple tradition ou, à votre connaissance, existe-t-il une autre
explication de ce fait consacré par une expérience séculaire ? »

Mais la voilà toute faite l'explication demandée, aurions-nous
pu répondre, la voilà : c'est l'*expérience séculaire* des peintres.
Peut-on trouver mieux et douter de l'excellence d'une aussi
longue consécration d'un principe de métier?

L'emploi séculaire du minium de plomb prouverait donc déjà
à lui seul que l'on n'a pas pu trouver mieux jusqu'à présent; la
raison de cet emploi ne peut et ne doit être dû qu'à ses qualités
natives, qualités en tout semblables à celles de la céruse dont la
base est la même : le plomb, et, si l'on utilise pour les premières
couches des fers, le minium de préférence à la céruse, c'est à
cause de son durcissement plus grand et de son prix sensiblement inférieur, mais leurs propriétés préservatrices sont à peu
près identiques.

Tous les essais tentés jusqu'ici pour remplacer le minium
n'ont abouti qu'à de mauvais résultats, tel le colcotar, ce rouge
anglais, décoré du nom de minium de fer et qui n'est qu'un
mauvais peroxyde de ce métal (ce qui équivaut à vouloir préserver le fer par l'un de ses propres dérivés !) ne pouvant par conséquent le protéger plus efficacement qu'il ne se protège lui-
même : c'est un corps inerte, sans cohésion, comme les ocres et
les autres terres qui ont au moins pour elles la fixité de la coloration.

Il a été constaté mainte et mainte fois que les fers imprimés
avec ce produit n'étaient pas du tout préservés puisque les peintures qui suivent se trouvent *piquées* presque immédiatement;
on a également observé que, si l'on applique sur le minium de
fer une seconde couche avec du minium de plomb, celui-ci n'a

plus la même efficacité que lorsqu'il se trouve au contact direct du fer, car, nous insistons tout spécialement sur ce fait que c'est à la condition seule de son contact avec le fer, que le minium de plomb donne toute sa valeur de préservation, par une cristallisation complète, une prise de l'ensemble parfaitement égale, s'agrippant aux aspérités et s'y solidifiant avec une dureté qu'aucune autre couleur ne peut acquérir.

Quelle que soit la forme sous laquelle le minium dit de fer est présenté, ce n'est toujours qu'un oxyde ou peroxyde de fer, dont le pouvoir de préservation ne peut être que très faible, surtout par comparaison avec le minium de plomb qui, lui, se comporte avec les huiles de la même façon que la céruse et autres sels de plomb, ainsi qu'il a été expliqué au chapitre ii sur la solidité des couleurs et des peintures. Nous renvoyons le lecteur à ces explications techniques et scientifiques absolument irréfutables, explications consacrées d'ailleurs par la pratique même, une pratique de deux siècles au moins.

Le minium a donc en lui, comme la céruse, tous les principes de résistance qu'il communique à la peinture dans laquelle on le fait entrer, nous ne reviendrons pas sur cela mais il est utile à présent de souligner certaines de ses qualités comme certains de ses défauts :

Pour que les impressions sur fer exécutées au minium de plomb rendent tout leur effet, il est indispensable que la teinte soit établie convenablement et conformément au rôle qu'on lui assigne; or, nous voyons journellement des impressions sur fer, faites en dépit du bon sens, généralement beaucoup trop liquides, ou trop maigres.

Dans une teinte au minium, il ne faudrait que de l'huile seule, mais pour faciliter le séchage, et hâter le durcissement, on peut sans grand inconvénient y incorporer une partie d'essence, mais *pas plus d'un quart*. Ensuite, avant de peindre, on devrait nettoyer les ferrures, les dérouiller et les dégraisser afin que le minium soit en contact direct avec le métal, condition essentielle de son efficacité et de sa durée.

Donnons maintenant quelques explications scientifiques supplémentaires : De tous les métaux *usuels*, c'est le plomb qui est le moins oxydable et le plus malléable, ce qui explique sa très grande utilisation comme préservateur des matériaux de construction. Quoi de plus rationnel alors, que les dérivés du plomb soient également inoxydables et très souples ? Avec les dérivés des autres métaux on arriverait à d'autres résultats qui seraient inhérents aux qualités de leur propre base ; ainsi, l'étain et le cuivre sont également très malléables, mais l'un est beaucoup plus sec et l'autre bien plus oxydable que le plomb, deux graves défauts qui se retrouvent dans tous leurs dérivés ; en outre, si l'étain protège le fer de l'oxydation, c'est à condition que celui-ci ne soit mis à nu nulle part, dans aucune de ses parties, car, dès qu'il reçoit le contact de l'air humide, il forme avec l'étain une sorte de pile électrique qui décompose l'eau dont l'oxygène se porte rapidement sur le fer, d'où oxydation produisant la rouille ; en ce cas, l'étain ne protège plus le fer, il devient même la cause la plus directe de son altération.

Avec le zinc, on aurait de meilleurs résultats, mais il se produirait encore un effet de pile électrique si le fer était mis à nu quelque part, seulement l'oxygène produit par la décomposition de l'eau se porterait sur le zinc et c'est ce métal qui souffrirait.

Ce phénomène d'altération physique ne se produit pas avec le plomb ; toutefois, il est évident que, si le fer est mis à nu quelque part, il perd ainsi sa seule protection et s'oxyde quand même, mais en tout cas moins rapidement, car il n'y a production d'oxygène que par voie naturelle beaucoup plus lente dans ses effets. Ceci explique merveilleusement pourquoi il doit y avoir contact direct et adhérence parfaite de la part du minium sur le fer, celui-ci n'étant retardé dans son oxydation qu'autant qu'il est d'abord masqué complètement, soustrait au contact de l'air et que la matière qui le recouvre ne se prête à aucune atteinte des agents extérieurs de détérioration et ne donne aucune production intempestive d'oxygène. Nous ne pensons pas qu'on puisse descendre davantage au fond des choses, ni aller plus avant dans les démonstrations d'ordre technique ou scientifique.

Donc, nous le répétons encore, il est essentiel que toute ferrure, avant d'être passée au minium, soit préalablement nettoyée, dégraissée, dépouillée de toute souillure qui pourrait s'interposer entre la couche de peinture et le métal. Il faut aussi que l'impression au minium soit suffisamment corsée : ce n'est pas un simple jus de rouge qu'il faut passer, mais une couche réelle qui puisse *couvrir* le fer et non pas le teinter seulement.

Nous savons bien que le minium mis à état de peinture n'est pas aussi facile à employer qu'une teinte ordinaire, car il se précipite assez rapidement au fond du vase, ce qui oblige à remuer souvent la teinte pour maintenir la proportion du liquide avec le solide, et c'est bien aussi ce que l'on n'observe pas assez rigoureusement... Quand on veut faire une teinte de ce genre, il est nécessaire de faire infuser à l'avance la poudre de minium dans l'huile de lin, on remue consciencieusent, on ajoute à volonté *un peu* de blanc d'Espagne pour empêcher les coulures et l'on mélange convenablement le tout; pendant la durée du travail, il est indispensable de remuer la teinte jusqu'au fond, au moins une fois par demi-heure.

Tenir la teinte toujours *plus forte en huile* qu'en essence : plus elle est grasse, meilleure elle est.

Puisque nous en sommes sur le minium ainsi que sur le chapitre des impressions, c'est le moment d'aborder la question très grave des premières couches faites avec cette couleur.

Certains peintres emploient encore le minium comme base de leurs teintes pour les impressions *sur boiseries ;* bon nombre d'architectes ont cru également faire œuvre utile en imposant dans les travaux ce système qui cependant n'est pas à recommander.

Il faut avouer que les partisans des impressions au minium n'ont jamais été fort nombreux ni bien suivis et que leurs tentatives réitérées n'ont jamais pu convaincre que de rares professionnels.

On ne réfléchit pas assez et on oublie trop souvent qu'une couleur ne se comporte pas toujours de la même façon, selon qu'elle est appliquée sur des corps différents, et l'on n'observe pas non plus que la nature des surfaces peut souvent modifier les propriétés de cette couleur.

Dans le cas que nous examinons, impressions ou premières couches des boiseries en minium, la différence des deux matériaux (bois et fer) est telle, qu'on devrait supposer de suite que le résultat obtenu sera d'autre sorte.

Nous venons de dire que l'emploi des teintes au minium présente plus de difficulté, à cause de sa facilité de séparation d'avec le liquide et que cela obligeait à remuer souvent. Eh bien, si l'on pense que le bois est beaucoup plus spongieux, plus absorbant que le fer, il doit se produire l'effet suivant : En peignant sur les boiseries avec une impression de minium de plomb, la partie liquide est très rapidement absorbée par le bois, ce qui dessèche d'autant la couleur dont la tendance à se séparer est déjà très grande, le minium sera alors comme tamisé par la contexture du bois et ne passera pas au travers des pores comme peut le faire la céruse qui se combine plus intimement avec le liquide et se trouve ainsi entraînée, du moins en grande partie, par son véhicule jusque dans les pores du bois où elle sèche et durcit; le minium, lui, plus rebelle au mélange intime et toujours prêt à se former en précipité, reste donc à la surface où il se trouve privé de la plus grande part de l'huile que le bois a absorbée; il ne peut plus alors donner lieu à une combinaison chimique suffisante lui permettant de se résoudre en oléate comme la céruse, et, n'ayant pu acquérir l'élasticité voulue que l'huile lui aurait procurée, il devient nécessairement cassant, s'écaille et s'effrite après le séchage. D'autre part, l'absorption par le bois du liquide oléagineux ne permet pas la cristallisation du miniun comme cela se passe sur le fer, et les molécules de la couleur n'étant pas liées entre elles, le minium peut également *fariner* tout comme un vulgaire blanc de zinc.

Voilà pourquoi, dans la plupart des tentatives d'impressions de boiseries au minium de plomb, les résultats ont été si peu concluants. Malgré cela, si la loi interdisant la céruse avait porté interdiction sur les travaux à l'extérieur aussi bien que sur les travaux à l'intérieur, comme le voulait le premier projet, on aurait vu les impressions au minium faire un retour offensif très marqué, car c'était le meilleur moyen de tourner cette loi qui ne parle pas du tout de la suppression du minium. C'était bien l'intention de beaucoup de peintres qui n'ont jamais voulu reconnaître d'ailleurs l'immixtion des pouvoirs publics dans cette question purement et essentiellement professionnelle. C'est ce que faisait ressortir très clairement M. Ciroux, président de la Chambre syndicale des Entrepreneurs de la Gironde et lui-même entrepreneur de peinture à Bordeaux, dans sa déposition devant la Commission parlementaire chargée de l'élaboration de cette loi qui souleva d'ardentes polémiques et fut en chantier pendant plus de cinq ans pour aboutir à cette cote mal taillée de l'interdiction de la céruse *à l'intérieur* et son acceptation *pour l'extérieur*. Quant au minium, quoique d'un emploi plus dangereux, il ne fut jamais mis en cause par les plus zélés propagateurs de la campagne contre le blanc de plomb : leur zèle humanitaire aurait dû pourtant aller jusque-là.

Voici ce que disait M. Ciroux devant la Commission : « Mais, Messieurs, autre chose encore, — le sujet en vaut la peine, — la mesure prise ne vise que le ponçage de la céruse. Eh bien, nous ferons faire nos impressions, au minium et alors vous pourrez, au nom de l'hygiène et de la sécurité des travailleurs, assister à ce spectacle peu banal de voir, par exemple, deux devantures, c'est-à-dire deux choses bien en évidence, s'offrant au public, vues par tout le monde, placées côte à côte, l'une peinte au minium, poncée à sec, ayant le droit de l'être, et l'autre, celle à côté, peinte au blanc de céruse, garder pour elle seule tous les grains, toutes les aspérités et autres défauts qui disparaissent par le ponçage; Messieurs, ce spectacle sera bien administratif. »

Si bizarre que cela paraisse, c'est pourtant ainsi que la loi fut votée à la Chambre ; elle ne reçut de modification quant aux travaux à l'extérieur que lorsqu'elle vint, quatre ans plus tard, en discussion au Sénat et dont la Commission d'études avait bien voulu nous entendre nous-même dans une déposition essentiellement technique et professionnelle qui figure du reste au volumineux et consciencieux rapport de M. Treille, lequel se contenta de produire des chiffres et des statistiques d'un rigoureux contrôle, mais qui démontra par cela même toute l'ineptie de la campagne menée pendant sept ans contre le blanc de céruse et *en faveur du blanc de zinc*, que personne d'ailleurs ne se refuse à employer... là où il peut suffire.

Or donc, pour en revenir à nos aperçus sur la pratique des impressions au minium, il se passera certainement, ce que

M. Ciroux avait prédit aux commissaires de la Chambre des députés, au moins dans une certaine mesure, mais qui sera suffisante pour amener une recrudescence de l'emploi du minium de plomb en tant que peinture sur boiseries, ne serait-ce que pour pouvoir exécuter le ponçage à sec qui est resté supprimé dans le dernier vote de la loi.

Mais, nous avons démontré que ce genre de peinture n'offre guère de garanties pratiques et que la solidité du travail peut en souffrir grandement ; toutefois si l'on voulait changer le tour de main habituel, modifier la façon de faire, on pourrait espérer tirer un meilleur parti pratique et économique de l'emploi du minium pour les impressions sur boiseries, voici à notre avis le moyen à employer :

D'abord, broyer le minium ou tout au moins, le bien malaxer avec l'huile au lieu de se contenter de le faire infuser ; on peut prétendre qu'il durcira : non, si on ne le broie que par quantités nécessaires aux travaux à exécuter et en utilisant *une huile peu siccative*, ensuite on pourra faire des teintes fluides, (additionnées de siccatif) très fluides pour les impressions afin de bien pénétrer les pores du bois ; le minium, mieux mélangé, plus intimement lié au liquide par le broyage sera moins apte à s'en séparer, puis employé mince, en jus à la couche d'impression il se trouvera entraîné plus facilement par son véhicule dans la masse des boiseries où il produira tous ses effets de durcissement et gagnera de l'élasticité par sa combinaison ultérieure avec l'huile, cette combinaison pouvant se produire au moins en partie puisqu'il ne se sera pas séparé d'elle. Mais l'emploi d'une impression très fluide nécessitera une seconde couche, et celle-là étant moins absorbée que la première permettra à la combinaison de se produire à peu près complètement, on peut espérer avoir ainsi des fonds très solides, ne poussant pas à l'écaillage, et sur lesquels il ne restera plus qu'à donner des couches de teintes en glacis maigres pour les travaux devant être vernis, ou des couches de peinture plus corsée pour les travaux non vernis... Voilà tout au moins ce qu'indique la théorie, nous n'avons pas encore eu l'occasion d'en faire l'essai pratique, mais nous croyons bien ne pas nous tromper beaucoup.

Un autre défaut du minium, c'est qu'il pousse au noir et il ne faudrait pas vouloir obtenir par le moyen que nous indiquons des peintures claires qui se culotteraient assez vite, mais pour tous les cas de peintures foncées, il y a lieu de croire qu'on n'aurait rien à craindre.

D'ailleurs, le ton même du minium faciliterait les apprêts pour le dessous des tons bruns, des décors bois, tels que l'acajou, le tuya, le palissandre, les racines d'orme, d'amboëne, le teck et l'imitation d'écaille, et les tons noirs eux-mêmes y gagneraient de la profondeur.

Nous terminerons cette longue étude sur le minium en appelant toute l'attention des peintres sur sa grande nocivité; il est plus dangereux que la céruse parce qu'il est toujours livré *en poudre* et que les sels de plomb sont surtout redoutables sous cette forme ; il faut donc se garder avec soin d'en respirer les poussières.

*
* *

Nous croyons nécessaire de ne fermer ce chapitre sur les *impressions*, qu'après avoir parlé des moyens de *sauvette* ou de mauvais *trucs* qui sont employés quelquefois par des peintres peu scrupuleux et peu soucieux de leur réputation professionnelle. C'est ainsi que l'on utilise dans certains, cas l'eau de savon, pour imprimer des plâtres jugés trop poreux; par ce moyen, en effet, on diminue dans une bonne mesure le degré d'absorption, mais, en somme, le plâtre n'a reçu que deux couches de peinture au lieu de trois, c'est donc une fraude caractérisée, qui constitue non seulement un moyen malhonnête mais en plus une opération détestable, car cette eau de savon ne peut aucunement suppléer la véritable couche d'impressions en couleur; par ce moyen, on n'introduit dans le mur qu'une humidité, pas autre chose, et toute cause humide est préjudiciable au plâtre, d'autant plus préjudiciable que ce plâtre est mauvais ou détérioré; en outre, le savon noir que l'on emploie contient de la potasse qui deviendra dans les pores du plâtre où elle est introduite une cause de désagrégation qui poussera à la salpétrisation. On peut objecter que la savonnée contient une bonne proportion d'huile de lin qui est un bon véhicule, soit, mais cette huile est atteinte dans ses qualités les plus essentielles par son mélange avec le savon noir à cause de la potasse qu'il renferme, ce n'est plus qu'une *émulsion d'huile* dont la solidité est toute illusoire.

De plus, si par ce moyen empirique on obtient une absorption moindre, ce n'est pas à l'avantage du travail assurément, car, la première condition d'un bon travail est justement de faire pénétrer la couche d'impression, le plus profondément possible dans les pores de la surface à peindre; or, la teinte à l'eau de savon agit dans le sens contraire à ce principe et les couches suivantes, pénétrant moins, seront moins bien agrippées et de résistance moindre par conséquent, sans compter que la potasse introduite par la savonnée vient encore ajouter son action néfaste sur l'autre côté de la peinture qui se trouve ainsi attaquée des deux faces à la fois; dans de semblables conditions, est-il possible de compter sur un bon résultat? évidemment non.

Un autre moyen empirique d'impression à bon marché, c'est l'*encollage* préalable sur plâtre ou sur boiseries, moyen détestable s'il en fut, mais qui fait les délices des peintres promoteurs des rabais à outrance. Le raisonnement de ces messieurs est assez judicieux; une couche de colle en première couche sur des matériaux neufs forme un isolant parfait, les pores du bois ou du plâtre sont obstrués, bouchés, donc les couches suivantes ne pouvant plus pénétrer, il n'y aura pas d'embus, et deux petites couches suffiront, d'où économie de temps et d'argent. Oui, mais toujours au détriment du travail, car l'encollage est fatalement destiné à écailler à se fendre et surtout à se ramollir au contact de la moindre humidité ou fraîcheur qui peut lui venir du côté interne de la surface peinte. Dans ce cas assez fréquent d'ailleurs, c'est un véritable désastre, car toute la peinture, fût-elle vernie par-dessus, tombe irrémédiablement par plaques.

Et là encore, dans ce système par encollage, on se retrouve en présence du même défaut capital, le manque de protection du plâtre ou du bois; en effet, si les couches de peintures qui sont appliquées ensuite sur l'encollage protègent celui-ci *extérieurement*, il reste quand même en contact direct avec le plâtre ou le bois et ces derniers, nullement protégés dans leurs pores ou leurs fibres, sont livrés sans défense aux causes destructives venant attaquer leur face intérieure que la colle est impuissante à combattre. Celle-ci se désagrégera donc inévitablement, peu à peu et par suite de sa désagrégation propre, entraînera celle de la peinture qui la recouvre et parce que la peinture perdant son assiette ne pourra plus tenir.

L'encollage ne produit donc que des effets trompeurs et ne peut fournir que des travaux mal assis, ayant de l'œil peut-être, mais pour un moment de courte durée.

Si l'on pouvait pratiquement rendre la colle insoluble, l'encollage aurait du bon sans doute, mais si l'on peut obtenir ce résultat dans des expériences de laboratoire, il n'en est pas de même dans la pratique des travaux et jusqu'à nouvel ordre la colle restera d'un mauvais emploi pour asseoir des peintures à l'huile.

Le meilleur en tout, c'est de faire le nécessaire, car la fraude ne profite à personne, pas plus à l'entrepreneur qui en est victime tôt ou tard, qu'à l'ouvrier dont le travail est diminué d'autant et encore moins au propriétaire qui en subit les effets immédiats dont le résultat le plus clair est de payer douloureusement l'économie qu'il a cru réaliser par un rabais trop sensible.

La meilleure couche d'impression pour les bois et les plâtres, c'est une teinte à base de céruse, colorée très légèrement s'il y a lieu ; les teintes à la céruse ont l'avantage de pouvoir être employées minces tout en restant bonnes. Elles durcissent bien, se laissent poncer facilement et ne s'arrachent pas au rebouchage ; en outre, leur fluidité et leur moelleux permettent d'atteindre convenablement tous les creux de moulures, sans les empâter, ce qui est un sérieux avantage pour la suite du travail.

On peut également faire des impressions avec des vieilles teintes, mais en les dégraissant sérieusement à l'avance et seulement pour les travaux rudimentaires, jamais dans le cas de travaux un peu sérieux, car le principe gras qu'elles conservent toujours malgré le dégraissage, nuit aux ponçages et aux rebouchages ultérieurs ; en outre, elles n'ont jamais le *coulant* d'une teinte fraîche à la céruse, offrent des difficultés pour atteindre les parties creuses et retardent ainsi beaucoup le travail ; on perd en temps ce que l'on croit gagner en marchandise.

RÉSUMÉ DES OBSERVATIONS RELATIVES AUX PREMIERS APPRÊTS
ÉGRENAGE, IMPRESSION

L'égrenage et l'époussetage sont obligatoires et doivent être consciencieusement pratiqués.

Les teintes d'impression ne doivent pas être liquidées à exagération ; on les tient relativement maigres pour les boiseries, et relativement grasses pour les murs et les plafonds.

L'essentiel pour le peintre, c'est de bien atteindre avec la teinte d'impression tous les creux et les fonds, comme aussi d'éviter les coulures et bavures dans les feuillures de châssis vitrés. .

Pour les ferrures, l'impression au minium de plomb est la seule efficace, les prétendus miniums de fer n'ont pas de vertu préservatrice.

Il ne faut peindre au minium qu'*après nettoyage* du fer, même neuf, car c'est de leur contact direct que résulte l'efficacité de préservation ; peindre sur la rouille devient une opération nulle ou à peu près nulle. Les teintes au minium doivent être tenues fortes en huile, ne pas mettre plus d'un quart d'essence en proportion liquide et seulement en cas de besoin ; il faut aussi ne pas faire ces teintes trop fluides, le minium doit *couvrir* et ne pas faire de transparences; les jus de minium ne servent absolument à rien sur le fer.

Le minium est très nocif, il ne faut pas l'oublier, et prendre les précautions d'usage, mais surtout éviter d'en aspirer les poussières quand on le manipule à l'état poudreux, état sous lequel il est malheureusement encore livré au commerce.

L'emploi du minium pour les teintes d'impression sur boiseries n'est pas à recommander, toutefois, en usant de certaines précautions, on pourrait les employer utilement.

Les vieilles teintes peuvent être utilisées, mais seulement pour travaux très ordinaires et après avoir été dégraissées.

Le meilleur système pour l'impression des bois neufs, c'est l'emploi des teintes blanches, à base de céruse et fraîchement faites.

Quant à l'emploi de l'eau de savon et des encollages comme

moyens d'impressions, le premier constitue une fraude imbécile dont on ne retire pas grand'chose et le second est détestable dans ses résultats.

Le but de la couche d'impression est de pénétrer dans le corps de la surface à peindre ; or, tout moyen contraire à la pénétration constitue ou une erreur professionnelle, ou une fraude caractérisée.

Si dans des cas exceptionnels on avait à faire des peintures sur des boiseries imparfaitement sèches, il y aurait à prendre la précaution de ne les imprimer d'abord que d'un seul côté pour permettre à l'évaporation de se faire par l'autre face. La même précaution est à retenir et à employer pour l'impression des parties de murs ou de cloisons en plâtre insuffisamment sec.

Quand il s'agit de faire des peintures sur parties métalliques, zinc, cuivre, acier, il est important de décaper d'abord le métal avec un acide approprié afin que la couleur puisse s'agripper à la surface ; dans ces cas particuliers, la couche d'impression doit être plus forte et tenue relativement maigre.

LE PONÇAGE ET LE REBOUCHAGE

Toute couche d'impression doit, après séchage parfait, être passée au papier de verre ; ce *ponçage* à sec est le plus employé et le plus simple de tous, il y a d'autres procédés spéciaux que nous étudierons en temps et lieu.

Le but du ponçage est d'enlever toutes les aspérités, les rugosités des surfaces peintes, avant d'y passer une nouvelle couche de peinture, car une peinture graveleuse n'est pas admissible, le ponçage sert aussi à dégorger les creux de moulures pour les unir, à enlever les effiloches du bois, à régulariser les inégalités de niveau, à abattre les côtes que la couche d'impression a pu produire.

C'est une opération plutôt désagréable à exécuter surtout quand elle doit durer longtemps, parce que le contact prolongé du papier de verre avec la main finit par érailler la peau des doigts ; un ouvrier ne peut poncer plus de cinq à six jours consécutifs (souvent moins que cela) sans qu'il n'éprouve une grande gêne par suite de l'excoriation de la peau à l'extrémité des doigts. Cette excoriation va même jusqu'au sang, il devient alors impossible de poncer, notamment des moulures et l'on doit faire continuer par un autre homme ; du reste, dans les travaux un peu conséquents, est-il d'usage de faire poncer chacun à tour de rôle, ou par équipes ayant chacune un étage du bâtiment ou partie d'étage, de façon à ce que chaque homme puisse reboucher et peindre ensuite ce qu'il a poncé pendant quelques jours.

Nous avons rencontré parfois, et nous rencontrons hélas encore des chefs de chantier assez inhumains pour faire poncer toujours les mêmes hommes soit pour les punir d'une incartade quelconque, ou, mieux encore, pour donner cours, par un moyen détourné, à leurs petites rancunes personnelles. L'humanité est ainsi faite, il n'y a pas lieu de s'étonner d'un abus semblable, on ne peut qu'en être fortement peiné ; du reste, il y aurait beaucoup à dire sur ce sujet des abus d'autorité, car il est assez fréquent de voir des commis conducteurs faire littéralement souffrir leurs équipes de compagnons par pure caprice, uniquement pour le malsain plaisir de faire sentir leur autorité à des collègues moins chanceux, quoique souvent plus capables que ceux qui les commandent ; on ne saurait assez flétrir ces autocrates au petit pied qui n'ont souvent pour toute vertu qu'une bassesse éhontée envers les chefs de maisons et une morgue imbécile envers leur subordonnés.

Ceci dit, reprenons notre sujet.

Dans cette opération du ponçage au papier de verre, on doit procéder avec beaucoup d'attention et de méthode, il faut suivre le travail de proche en proche et veiller à bien passer partout ; une remarque essentielle, c'est de ne pas dépouiller les arêtes du bois, accident des plus ennuyeux et fort difficile à racheter par la suite.

Le placement des doigts joue un grand rôle dans le ponçage, car il faut faire épouser au papier de verre la forme des divers membres de moulures, on doit aussi bien atteindre le fond des angles. Sur les parties enduites, le ponçage n'est que peu prononcé, mais, sur les autres surfaces, surtout les boiseries, il demande à être exécuté avec toute la conscience désirable, avec l'attention la plus soutenue, et, par ce fait même, c'est un travail qui semble toujours durer trop longtemps, il est très ingrat sous le rapport de la production, cette production échevelée que l'on exige aujourd'hui dans toutes les entreprises.

Il va sans dire que le ponçage doit être suivi par un époussetage très sérieux afin qu'aucune poussière ne subsiste sur les parties à peindre, la poussière est le plus terrible ennemi de la peinture en cours de travail, et pour cette raison, il y a lieu de tenir constamment propres, souvent balayés, tous les locaux dans lesquels on exécute des travaux, autrement le peintre, en travaillant, produirait constamment de la poussière et deviendrait ainsi lui-même son principal ennemi.

DU REBOUCHAGE

Derrière le ponçage, on procède au rebouchage des trous et des crevasses de toute sorte qui ne manquent pas généralement. Les trous de clous, les fentes du bois, les crevasses du plâtre, tout cela doit être visité et rebouché ; c'est une opération également longue qui ne paraît jamais ce qu'elle donne en réalité ; un bon rebouchage est la moitié du travail, il faut-le faire avec grand soin si l'on veut ensuite marcher avec assurance et rapidité pour l'achèvement.

L'emploi du mastic ordinaire était autrefois presque exclusif pour le premier rebouchage sur impression, car il y en avait un second, la revision, qui s'exécutait sur la deuxième couche, mais aujourd'hui, le rebouchage de revision est à peu près abandonné ; aussi dans la majeure partie des cas, utilise-t-on des mastics mélangés, rendus assez mous pour permettre d'aller vite et assez solides pour qu'on puisse peindre par-dessus dans les quarante-huit heures au moins.

Le mélange le plus habituel est composé de mastic ordinaire et de blanc de céruse en pâte, ou bien de la pâte de céruse durcie au blanc d'Espagne, mastic qui servait autrefois exclusivement pour opérer la revision.

L'emploi du mastic à la céruse demande certaines précautions d'hygiène qu'il ne faut pas négliger, notamment se bien laver les mains avant les repas, sans oublier le nettoyage des ongles qui est essentiel en pareil cas ; il est très imprudent de reboucher au mastic à la céruse quand on a les mains excoriées, ou portant des coupures non cicatrisées, car c'est ouvrir un chemin tout direct au saturnisme probable, c'est surtout par voie cutanée que le plomb peut s'infiltrer et gagner le torrent circulatoire du sang d'où il n'est plus possible de le déloger, mais à cela doit se borner toute crainte, la propreté des mains étant très facile à observer, si le danger est réel dans cette opération, il est facilement évitable avec un peu de soins de sa personne.

Le côté pratique du rebouchage est assez difficile, il y faut mettre beaucoup de goût, ne bouchant que le trou ou la fente que l'on rencontre, et ne pas créer d'épaisseur à côté, le mastic doit être bien enfoncé, puis bien égalisé *au juste niveau* de la surface ou de l'objet, il n'y faut pas passer les doigts pour l'unir, les doigts font creuser le mastic, un bon rebouchage ne doit présenter aucune épaisseur, aucun bourrelet ni grattage, au point qu'avec un mastic du ton similaire au fond, on arrive souvent à ne pas distinguer dans l'ensemble, les parties rebouchées, ce qui fait précisément supposer au profane que le travail n'avance pas ou n'est pas bien utile. Pourtant, le rebouchage, avec le ponçage, sont deux opérations absolument indispensables, mais malheureusement aussi les deux phases les plus ingrates des apprêts de peinture ; très peu payées d'abord, ensuite leur longue durée énerve l'entrepreneur qui pousse toujours à leur achèvement prématuré. Pour l'ouvrier qui exécute, et qui sait bien qu'il ne perd pas son temps, cela n'avance pas non plus au gré de ses désirs, *ça ne marque pas* comme les autres travaux, même parmi les plus ennuyeux, tel le lessivage qui, au moins, s'aperçoit tout de suite et dans un même espace de temps *marque* beaucoup mieux comme *rendu*.

Cette remarque pourra paraître quelque peu superflue dans un ouvrage de technique pure et d'études pratiques, mais notre intention est de défendre ici tous les intérêts concordant avec la pratique du travail, on l'a déjà vu tout à l'heure à propos des mauvais chefs de chantier, notre devoir de publiciste technicien est justement de signaler toutes les causes d'interprétation fausse, de jugements erronés et de tous abus dont les conséquences sont parfois plus sérieuses qu'on ne le pense généralement. Voici un exemple qui nous est personnel et relatif au travail qui *marque*, qui s'aperçoit : Un entrepreneur de peinture nous fit changer de chantier et nous mit en disgrâce parce que nous avions signalé en faisant le rebouchage d'un salon, que beaucoup de clous dépassaient encore sur les moulures et qu'il fallait les faire enfoncer par le menuisier, lequel précisément, se trouvait sur les lieux ; on passa outre à notre remarque en disant que la teinte cacherait tout et l'on fit peindre quand même. Or, il arriva que l'architecte dût, plus tard, faire enfoncer tous ces clous et recommencer la peinture, ceci au compte du susdit entrepreneur qui, pour avoir gagné deux jours, perdit toute une semaine pour faire réparer cette malfaçon.

Une remarque à peu près analogue est à faire concernant les *calfeutrages* sur les faces intérieures des fenêtres, tout le long des vitres qui ne joignent pas au bois ; à ces endroits, principalement *sur le dessus des petits bois*, il est de toute nécessité de faire le calfeutrement de l'interstice, car toute la buée descendant le long du verre s'introduit dans le jour laissé béant, ce qui produit infailliblement et entretient l'humidité du bois qui amène prématurément sa pourriture.

De même, pour le dessus des plinthes, moins négligé toutefois, mais où on emploie souvent du mastic trop mou qui s'enfonce ultérieurement et laisse béante la jonction du bois et du mur.

Souvent aussi, dans les portes, il y a défaut de jonction entre la moulure du cadre et la plate-bande du panneau, le calfeutrement s'impose là autant, sinon plus qu'ailleurs pour la propreté et le coup d'œil, et ce genre de rebouchage est particulièrement difficultueux dans beaucoup de cas, alors, le temps paraît long, le travail semble indéfini, on pousse, on presse l'ouvrier, qui glisse sur le travail, perd le goût de bien faire ; résultat : mauvaise et vilaine besogne.

Nous voyons quelquefois appliquer au rebouchage de calfeutrements, sur les devantures notamment, des mastics hétérogènes, composés de peinture en pâte avec du plâtre fin pour durcir ; cela va très vite en effet, on plaque ce mastic à consistance d'enduit, dans toutes les fentes où il devient relativement et rapidement dur. Ce procédé ne vaut absolument rien attendu que le plâtre ne reste pas marié avec la couleur à l'huile à laquelle il a été mélangé, le mastic ainsi composé se dessèche très vite, se fendille, éclate et tombe. On rencontre même certains peintres qui n'hésitent pas à faire des enduits de cette façon et sur des boiseries encore ! Comment veut-on asseoir un travail convenable sur une semblable préparation.

Trop d'économie revient chère, dit le proverbe, c'est bien ici le moment d'en signaler toute l'exactitude.

Dans la confection des mastics, il importe d'y mettre un peu de jugement, rien ne vaudra les mélanges à base d'huile de lin avec du blanc d'Espagne, surtout si on y ajoute une partie de céruse.

Il ne faut user du siccatif dans les mastics qu'avec beaucoup de modération, cette addition étant plutôt nuisible qu'elle n'est utile.

On use aussi quelquefois pour des rebouchages trop onéreux, du mastic à la colle, comme pour la peinture à la détrempe ; si collé que puisse être un mastic de ce genre, il arrivera toujours à se fendiller et la peinture à l'huile appliquée sur un tel rebouchage aurait les mêmes désavantages que si elle était appliquée par-dessus une peinture à la colle, c'est-à-dire qu'elle n'aurait pas plus de résistance que la colle elle-même qui l'entraînera dans sa chute dès qu'elle se désagrégera à la suite d'une cause de détérioration venant de la face interne de la partie peinte, comme il a été expliqué à la fin du paragraphe traitant des couches d'impression.

On est appelé quelquefois à employer des mastics au vernis. Ce sont des mastics de teinte dure, pour travaux très soignés que nous décrirons également, à l'article des travaux polis, ce genre de rebouchage rentrant dans la catégorie des apprêts spéciaux qui seront traités à part, et au moment de la description des travaux auxquels ils appartiennent.

Un dernier mot sur les rebouchages ordinaires.

Dans les constructions neuves, où l'on est obligé de mastiquer toutes les équerres des fenêtres et leurs paumelles pour les niveler au ras du bois, on procède à leur masticage après la pose, évidemment, mais on n'observe pas assez que les équerres qui ont été imprimées plus ou moins bien par le serrurier poseur se trouvent couvertes de poussière adhérente à leur surface, l'impression sommaire qu'elles ont reçue est comme desséchée et le mastic *roule* dessus ; à notre sens, on ne brosse pas assez ces ferrures lorsqu'on procède à l'égrenage des fenêtres ; le reboucheur qui enduit ces équerres a souvent bien du mal à faire *prendre* le mastic sur ces parties, il serait préférable que les équerres et paumelles soient imprimées par le peintre, sitôt la pose et ne pas attendre trop longtemps pour les faire reboucher, sans quoi, la poussière aidant, on ne serait pas plus avancé.

Plus vite on rebouche les équerres, mieux cela vaut sous tous les rapports.

RÉSUMÉ DES OBSERVATIONS RELATIVES A LA PRATIQUE DU PONÇAGE ET DU REBOUCHAGE

Le ponçage doit être suivi méthodiquement et toujours exécuté sur des couches parfaitement sèches ; son but est d'enlever les effiloches du bois, abattre les côtes et les épaisseurs, épurer et unir le creux des moulures, adoucir ces moulures elles-mêmes aussi bien que les parties planes ; éviter surtout le dépouillement des arêtes vives ; finir par un bon époussetage.

Le rebouchage demande également à être suivi avec méthode et beaucoup d'attention ; bien bourrer le mastic dans les trous et les fentes, par un solide coup de couteau, puis égaliser, niveler par une forte pression glissante, car il ne faut laisser aucune espèce d'épaisseur ou de bourrelet. Enfoncer ou faire enfoncer les clous qui dépassent, sitôt que dans un travail on commence le rebouchage.

Ne pas omettre les calfeutrages, notamment à l'endroit des vitres et des petits bois où la jointure est presque toujours imparfaite. Quand le mastic doit être teinté, il faut le mettre en accord avec le ton de l'ancien fond plutôt que de le colorer dans le ton de la nouvelle teinte.

Dans les cas d'emploi de mastic à la céruse ou contenant de la céruse, veiller scrupuleusement au nettoyage des mains et des ongles ; ne pas exécuter ce genre de rebouchage si l'on a des blessures ou coupures fraîches aux mains.

L'emploi du plâtre dans les mastics est une mauvaise opération, l'usage des siccatifs doit être excessivement modéré ; quant aux mastics à la colle sous des fonds de peinture à l'huile, il faut absolument les rejeter.

LE LESSIVAGE

A CONSERVER, A REPEINDRE, A DÉPOUILLER

Voilà une opération qui n'est pas beaucoup *prisée* par les peintres, elle est fort désagréable en effet et souvent même très pénible, car, s'il y a des lessivages bénins, la plupart des lessivages sont très durs.

Mais, pour aussi désagréable qu'elle soit, cette opération est tout à fait indispensable et de toute nécessité dans les travaux de la réparation dits d'entretien.

Sur les surfaces neuves, encore indemnes de toute peinture, il n'y a lieu de procéder à aucun lavage, mais, pour toute surface anciennement peinte et qu'il faut repeindre, le nettoyage de l'ancien fond s'impose immédiatement, car la peinture ne saurait s'appliquer en confiance sur des surfaces salies, poussiéreuses ou graisseuses qui l'empêcheraient ou d'adhérer ou de sécher parfaitement ; il faut donc en principe absolu, toujours laver, nettoyer, dégraisser les peintures que l'on a à refaire à neuf ou seulement à entretenir.

Mais, selon que ces peintures sont plus ou moins salies et abîmées, elles demandent un nettoyage plus ou moins complet, plus ou moins sérieux. Quand les peintures sont en bon état relatif, qu'on ne juge pas à propos de les recommencer, on les nettoie avec des précautions nécessaires pour ne pas les attaquer directement ; à cet effet, on emploie des mordants très faibles, justes assez forts pour enlever les poussières trop adhérentes ou les parties encrassées. Cette opération, toute d'entretien, s'appelle le lessivage *à conserver* pour le différencier de l'autre opération plus radicale qui consiste *à enlever* la vieille peinture ; c'est le grand lessivage à fond qui ne s'opère que dans les cas de réfection complète, et encore se trouve-t-il un autre lessivage intermédiaire qui consiste à n'enlever que le dessus des peintures, sans attaquer les dessous quand ceux-ci sont reconnus bons. La différence entre ces deux derniers lessivages réside tout simplement dans l'emploi judicieux de la potasse que l'on amène à la force voulue pour ne pas manger tout, et par une rapidité plus grande du lavage qui suit, pour enlevr cette potasse dont un plus long séjour sur la peinture finirait par attaquer les dessous.

Dans le lessivage *à conserver*, on coupe la potasse des trois quarts au moins et l'on essaie sa force dans une partie non en vue ; il ne faut pas que la peinture sous la potasse se laisse entamer par l'ongle, ni que l'eau de lavage se charge de couleur, ce que l'on reconnaît tout de suite quand après avoir pressé l'éponge, celle-ci trouble l'eau et la colore en blanc ou en jaune ou en rouge, selon la couleur de la peinture à nettoyer. Dans ce cas, la potasse ou tout autre mordant demande à être modifié, c'est *trop fort ;* on ajoute de l'eau et on recommence l'essai.

Dans le lessivage mixte ou intermédiaire, il faut essayer également la force de la potasse, mais cette fois de façon à ce que, par le lavage la peinture s'en aille assez régulièrement, mais la dernière couche seulement ; il est prudent et plus pratique de faire une potasse de moyenne force et de la laisser mordre un certain moment plutôt que de vouloir arriver de suite à l'enlèvement désiré, car en réglant la force de manière à ce que l'attaque ne se produise pas de suite, on peut voir et tâter, puis laver à temps pour empêcher la morsure des couches inférieures.

Quant au lessivage *à fond* pour enlever complètement la peinture et les fonds, on l'appelle aujourd'hui, bien improprement, *décapage*, expression qui s'applique aux métaux et non à la peinture ; mais à présent ce terme restera, comme beaucoup d'autres malgré leur origine impropre, créés la plupart du temps par des marchands ou des lanceurs de produits qui ne s'occupent guère de l'importance des étymologies. Donc, marchons pour *décapage* qui vient de *décapant*, nom que donnent certains marchands de couleurs à des combinaisons de produits caustiques qu'ils déclarent merveilleux et qui, pour la plupart, ont comme principal inconvénient d'être beaucoup moins bons que la simple potasse

d'Amérique, devenue malheureusement assez rare ; nous parlerons de cela un peu plus loin.

Avec les produits décapants, on procède plus audacieusement
puisque toute la peinture est à enlever. On étend le produit quel
qu'il soit, on imbibe convenablement, on laisse mordre un ins-

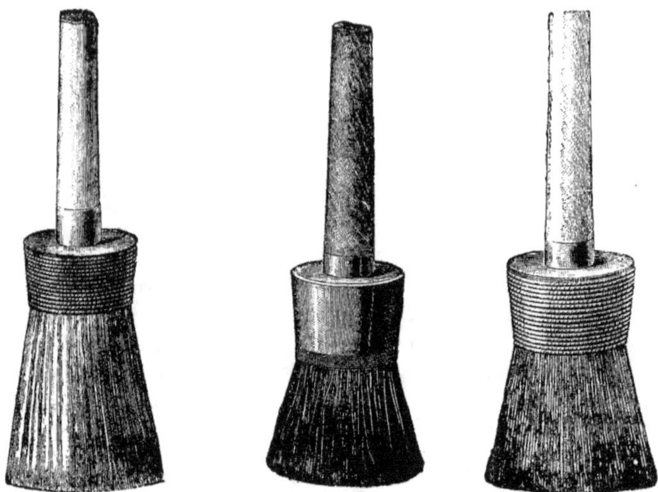

Fig. 1. — Brosse à laver.   Fig. 2. — Brosses à lessiver.

tant et on frotte ferme à la brosse dure : tout doit partir et le
bois apparaître entièrement, ce qui ne s'obtient jamais du premier
coup... Le lavage à l'eau doit être abondant et répété souvent
pour qu'aucune trace du caustique employé ne subsiste... Il faut
quatre ou cinq lavages (quatre ou cinq eaux) pour obtenir un
bon résultat. L'importance d'un parfait lavage est considérable et
c'est à ce soin particulier que l'on peut déjà reconnaître le bon
ouvrier de l'ouvrier médiocre, car celui qui nettoie consciencieusement connaît les avantages qu'il se donne à lui-même pour la
suite du travail, comme il sait juger de l'importance du nettoyage
par rapport à la qualité du travail à venir.

L'opération du lessivage, *quel qu'il soit*, doit toujours être commencée par le bas, le bas des murs, le bas des portes, etc., c'est

une précaution indispensable qui a sa raison d'être d'abord pour les lessivages à conserver où elle évite les coulures qui se produiraient inévitablement si on commençait par le haut, ensuite elle est aussi nécessaire pour le lessivage mixte ou intermédiaire de l'enlèvement partiel, car, les coulures de la potasse s'apercevraient quand même après lavage, formant des sillons sur les fonds à préserver, ce qu'il faut éviter à tout prix, cela entraînant un surcroît de travail non prévu et par conséquent non payé.

Nous avons dit précédemment que les produits dits décapants n'avaient pas les qualités de la vulgaire potasse d'Amérique ; cette remarque est absolument véridique et nous pouvons déclarer hautement sans craindre aucun démenti, qu'aujourd'hui, il est à peu près impossible au peintre de faire du lessivage dont il puisse garantir le résultat; toutes les potasses actuelles du commerce possèdent le grand défaut de mordre très irrégulièrement ; elles attaquent souvent à fond une partie du panneau et laissent le reste à peu près en l'état. Aussi la plupart des lessivages à conserver ne peuvent-ils se faire qu'avec l'aide de la ponce en poudre, ce qui oblige à frotter dur et longtemps ; on n'avance pas, on ne produit pas, quoique ayant beaucoup plus de mal.

Et même pour décaper, pour manger à fond les peintures, ces potasses et autres décapants sont d'un emploi très défectueux, soit qu'on les utilise purs ou qu'on les coupe d'eau, le résultat est toujours le même : la plus grande irrégularité ; à certaines places, le bois est mis à nu tout de suite, sur certaines autres, le vernis n'est même pas attaqué, c'est absolument pitoyable et ceci est une vraie plaie du métier, « il n'y a plus moyen de garantir un lessivage », vous diront tous les peintres.

L'emploi exclusif que l'on a fait de la potasse d'Amérique pendant si longtemps, permettait d'opérer avec assurance ; une fois l'eau seconde coupée à la force voulue, on marchait sans crainte ; le mordançage s'opérait de façon très régulière, ne donnant lieu à aucune infraction ; on pouvait faire les lessivages à conserver les plus délicats, l'emploi de la ponce en poudre était souvent inutile, aujourd'hui il est indispensable non seulement pour les travaux délicats, mais même aussi pour des lessivages très ordinaires pour lesquels on craint sans cesse quelque mauvais tour des potasses actuellement en usage et qui font le désespoir des ouvriers qui les emploient. Quand on interroge les marchands à ce sujet ils vous répondent que la potasse d'Amérique n'existe plus, du moins, la vraie potasse, et que ce que l'on vend encore pour telle n'est plus qu'un mauvais produit d'épuisement ; c'est pour cette raison sans doute, que l'on a cherché à lui donner des suppléants par ces mélanges de caustiques vendus aujourd'hui sous le nom de potasse d'Amérique dissoute, toute prête à l'emploi.

C'est justement là d'où vient le mal et généralement telle est la cause du lancement des produits de remplacement, qui neuf fois sur dix, valent bien moins que les produits originels jusqu'alors employés.

L'entrepreneur ou patron peintre est sollicité par le voyageur, le courtier, qui offre un produit *tout préparé*. C'est séduisant, pensez donc, plus besoin de faire chauffer ou bouillir les pierres de potasse, voici une bouteille de décapant que vous n'avez plus qu'à mettre à la force voulue en la coupant avec de l'eau comme on fait avec l'eau seconde qui malheureusement manque de force dans beaucoup de cas ; et comme cela coûte moins cher évidemment que la potasse véritable, on achète le produit nouveau, on le met sur les chantiers, convaincu que les affaires iront beaucoup mieux... et c'est tout le contraire qui arrive.

Il faut avoir employé soi-même ces produits pour en connaître tous les désagréments, entre autres celui de leur pouvoir corrosif sur l'épiderme, ayez seulement une très légère coupure et faites un lessivage avec ces décapants, cette légère coupure deviendra excessivement douloureuse, enflammée, purulente et très longue à guérir même chez les hommes les plus sains.

Les potasses actuelles et les essences factives sont les plus malsaines innovations faites depuis longtemps dans le métier, les unes et les autres ne procurent que des mécomptes et, malheureusement nous ne voyons pas apparaître les symptômes de leur délaissement possible, ce qui pourtant serait à souhaiter.

Mais revenons à nos aperçus et à nos explications pratiques.

Nous avons vu que dans les lessivages à conserver, on utilisait beaucoup la pierre ponce en poudre ; c'est une substance qui donne beaucoup de satisfaction mais surtout une grande sécurité dans les nettoyages délicats, aussi ce procédé a-t-il pris une très grande extension, et d'exceptionnel qu'il était autrefois est-il devenu très courant aujourd'hui, trop courant même, car bien souvent on est obligé d'y avoir recours pour des travaux de nettoyage très ordinaires mais que l'on n'ose pas entreprendre avec les potasses trop irrégulières employées actuellement, dans la crainte de tout gâter, de tout compromettre.

Dans le lessivage à conserver fait au moyen de la ponce en poudre, il y a lieu de faire un sérieux lavage qui puisse entraîner tous les grains abandonnés par cette matière; c'est un peu le défaut habituel, on ne rince pas suffisamment et beaucoup de grains demeurent sinon sur les parties plates, du moins dans les creux de parties moulurées, ce qui peut aisément causer des ennuis quand on arrive à revernir ou à cirer les peintures ainsi nettoyées.

Dans les lessivages à fond, ou même dans ceux à repeindre en conservant les dessous, on retire de grands avantages en passant une dernière eau légèrement acidulée de vinaigre ou mieux encore d'acide acétique; l'eau de chaux fut longtemps recommandée avec juste raison; une eau ammoniacale aurait également de bons effets pour le dégraissage des eaux de potasse.

Il est très important de n'appliquer une nouvelle peinture ou un nouveau vernis sur les fonds lessivés qu'après leur entier et parfait séchage surtout dans le cas de décapage à fond où le bois a été mis à nu, les pores s'étant ouverts sous l'action de l'eau, ils restent imprégnés d'humidité assez longtemps, il ne faut donc pas précipiter le travail, mais attendre que le séchage soit absolument complet.

Quand on rencontre des peintures revêtues d'encaustiques, c'est-à-dire cirées, sur lesquelles la potasse n'a pas d'action active, on emploie l'ammoniaque ou alcali volatil dont l'odeur forte et pénétrante est la cause d'une gêne sérieuse pour les ouvriers qui l'utilisent. Pourquoi ne pas essayer une dissolution de carbonate de potasse ou sel de tartre qui possède également la propriété d'attaquer la cire, on aurait l'avantage de ne plus respirer les vapeurs d'alcali qui ne sont pas sans danger pour l'organisme, car elles atteignent et influent directement les poumons auxquels elles procurent une grande irritation, au même titre d'ailleurs que l'acide chlorhydrique ou esprit de sel souvent employé pour le nettoyage des pierres blanches et des marbres. Dans ces deux cas, emploi de l'ammoniaque et emploi de l'acide chlorydrique, il est de toute nécessité de créer dans les locaux une aération ample et continuelle pour amoindrir la cause de gêne et annuler dans la mesure du possible les effets pernicieux de ces deux substances.

Dans les cas de nettoyage de dorures, cadres ou baguettes, il ne faut pas employer les potasses ; l'eau mitigée même est souvent contraire à la réussite, on prendra de préférence une eau de Javel, mélangée avec trois fois son poids d'albumine ou blanc d'œuf bien battu ; passer la solution sur la dorure avec un pinceau doux, aucune crainte de détérioration par ce procédé.

RÉSUMÉ DES OBSERVATIONS RELATIVES A LA PRATIQUE DES LESSIVAGES

Le lessivage est une opération indispensable dans tous les travaux de réparation ou d'entretien des peintures, car il ne faut jamais peindre sur d'anciens fonds sans les laver préalablement. Il y a trois sortes de lessivages : le lessivage à conserver, quand on ne veut que nettoyer la peinture sans la repeindre ; le lessivage à repeindre, pour attaquer seulement les couches superficielles de teinte, de vernis ou d'encaustiques en préservant les dessous, le lessivage complet à dépouiller ou décapage, pour enlever tous les fonds et mettre à nu.

Dans le premier cas, emploi d'une potasse coupée des trois quarts au moins pour avoir une eau mordante très faible, dans le second cas, emploi d'une eau de potasse assez forte, et dans le troisième cas, une eau de potasse très forte, ou même de la potasse pure selon la résistance à vaincre. Essayer toujours l'eau seconde obtenue, avant de commencer, afin d'éviter les surprises désagréables au cours du lessivage.

Laver *à plusieurs eaux* pour finir le nettoyage, et dans les cas de décapage, terminer avec une eau légèrement acidulée ou ammoniacale pour détruire les sels potassiques.

Il est de toute nécessité de commencer le lessivage *par le bas* des surfaces afin d'éviter les coulures. Le lavage à l'eau s'opère par le haut.

La potasse d'Amérique, *véritable*, est, à cause de la régularité de son action mordante, le meilleur de tous les produits décapants ou rongeants vendus dans le commerce. On doit autant que possible la préparer soi-même pour être certain de ses qualités ; il faut se montrer très prudent dans l'emploi des solutions toutes préparées qui sont d'abord très irrégulières dans le mordançage et relativement dangereuses dans leur contact avec l'épiderme.

Toute surface vernie ou cirée destinée à être repeinte doit être dépouillée de sa couche protectrice, vernis ou encaustique, et dans ce dernier cas où l'on emploie généralement l'alcali volatil (ammoniaque), il est urgent de bien aérer les appartements ou autres locaux dans lesquelles on fait cette opération.

Si l'on voulait empêcher le moussage de l'eau qui sert à rincer, on n'aurait qu'à l'additionner d'un peu d'essence de térébenthine dans les proportions d'un demi-verre par seau d'eau.

BRULAGE ET GRATTAGE DES VIEILLES PEINTURES

Lorsque de vieilles peintures sur boiseries à l'extérieur sont à refaire complètement, on procède à leur entier enlèvement par brûlage au feu pour mettre les fonds à nu, c'est-à-dire dépouiller le tout jusqu'au bois sur lequel on reprend alors la série normale des apprêts tels qu'ils ont été indiqués et décrits pour les travaux du neuf.

L'opération du brûlage est beaucoup plus prompte et plus radicale que le lessivage à fond ou décapage utilisé pour la mise à nu des vieilles peintures à l'intérieur où le brûlage ne peut être exécuté par suite des nombreux inconvénients qui en résulteraient : odeur insupportable de peinture brûlée, danger d'incendie, dégradations consécutives à l'opération, etc.

Autrefois l'outillage *ad hoc* était assez embarrassant, lourd et peu commode ; c'était d'abord l'antique réchaud au charbon de bois dont la mise en train était fort longue et le rendement utile de très courte durée ; puis la rampe à gaz plus maniable que le réchaud, mais brûlant moins bien et que d'ailleurs on ne pouvait utiliser que là où il y avait une installation de gaz, condition très rare dans les localités moyennes ; vint ensuite l'emploi de la lampe à souder, telle que l'employaient les plombiers... son usage fut très répandu à cause de sa grande facilité de transports et de la mise en train suffisamment rapide, mais elle explosait assez facilement et beaucoup de peintres l'abandonnèrent de ce fait ; elle a cependant conservé des adeptes.

Aujourd'hui on emploie exclusivement des lampes de modèle tout différent, plus rapides, plus puissantes et *de sécurité parfaite* ce sont les éolipyles inventés par le Dr Paquelin, savant aussi modeste que fécond inventeur et dont la mort récente priva l'industrie d'un de ses plus grands chercheurs ; et pour l'ensemble de ses travaux, l'humanité perdit également en lui un véritable bienfaiteur.

Le modèle le plus connu de ces éolipyles, c'est la lampe dite *à casque* dont nous donnons la figure ainsi que les explications relatives à son fonctionnement.

Fig. 3. — Le *Casque* (chaleur : 1250°), fonctionnant à l'essence minérale.

On peut tout au plus reprocher à ce genre de lampes ou brûloirs, d'être d'un maniement encore trop compliqué, faisant perdre un temps assez considérable aux ouvriers quelque peu nerveux qui trouvent trop longue la mise en marche et trop difficile le réglage de ces appareils pourtant si pratiques.

Il faut, en principe, prendre le temps voulu pour la bonne préparation de la lampe, on rattrape bien ce temps par la suite qui est la durée d'utilisation ; une fois la lampe chargée d'essence minérale, on met en fonction par un amorçage ou allumage d'une petite partie de liquide placé à l'extérieur dans une cuvette ménagée sur le dessus de la lampe, juste au-dessous de la cheminée ; cet allumage a pour but d'échauffer le liquide intérieur et déterminer la *chasse* de la flamme en avant, dans la cheminée. On doit absolument attendre le moment de la *mise en action* qui ne demande pas plus d'une à deux minutes ; en tout cas il est très important d'attendre que l'essence qui sert à l'amorçage soit entièrement brûlée. Si l'amorçage ne se produit pas, c'est que l'appareil est encrassé.

La mise en action est indiquée d'abord par le ronflement de la flamme, mais surtout par la cheminée placée à l'intérieur du casque et qui se trouve portée au rouge vif ; elle supporte en effet 1 250 degrés de chaleur.

Beaucoup de compagnons veulent aller trop vite et secouent la lampe pour activer la sortie de la flamme, cela peut occasionner de sérieux mécomptes car on n'arrive qu'à faire jaillir quelques gouttes de liquide qui s'enflamme aussitôt et peut très bien causer des brûlures aux mains et même au visage.

Il ne faut pas, sous prétexte que la lampe est inexplosible, négliger toute prudence, il est bon de toujours se souvenir qu'on ne doit jamais jouer avec le feu.

Voyons maintenant quels sont les avantages et les moyens de fonctionnement des lampes ou brûloirs du modèle éolipyle :

Avantages. — Elles fonctionnent sans autre lampe d'amorçage comme dans l'ancien type sans mèche ; à très basse pression, *dans toutes les positions*, penchée à droite ou à gauche, et même renversée ; l'entrée en action demande une à deux minutes ; la flamme est longue de 12 à 15 centimètres ; la chaleur est très grande, très supérieure à celle d'un bec Bunsen ; la dépense par heure va de 5 à 10 centimes selon le prix de l'essence ; la durée du fonctionnement utile est de trois quarts d'heure à trois heures, selon la grandeur ou type de la lampe ; la protection du bec brûleur est assurée contre tout encrassement venant de l'intérieur de l'appareil ; on fait le remplacement individuel de chacun des organes en cas d'accident, d'usure ou de perte.

Fonctionnement et maniement. — N'employer que de l'essence minérale du poids de 700 à 710 grammes au litre, ni au-dessous de 700, ni au-dessus de 710.

Pour remplir la lampe, la tenir de la main gauche, le goulot en haut, une fois pleine, la renverser au-dessus du bidon pour y replacer l'excédent, boucher ensuite *hermétiquement*.

Amorçage. — Enlever le casque de la cheminée et s'assurer que celle-ci est bien à fond, solidement en place, au besoin, écarter les branches et l'enfoncer à force; verser de l'essence dans la cuvette ou gouttière du dessus de la lampe et jusqu'à moitié seulement de cette gouttière, soit la valeur d'un bon dé à coudre, recoiffer la lampe de son casque, lever la poignée ou manette *verticalement*, enflammer l'essence de la cuvette à travers les trous de la base du casque et ne plus toucher à la lampe avant complet épuisement de cette essence; l'entrée en action s'annonce par un fort ronflement de la lampe et la chasse de flamme en avant, dont elle doit donner toute la longueur soit 10 à 12 centimètres, et se montrer non pas blanche, mais bleu violet, sans fumée aucune, en outre la cheminée doit être portée au rouge intense ; dans toute autre condition, il y a fuite de gaz, soit autour du bouchon, soit à la base du bec brûleur, on vérifie alors leur vissage. Pour la *régularité de la flamme* comme longueur c'est la manette qui l'opère, dans la position verticale, elle indique que le régulateur est grand ouvert, par conséquent devant donner la longue flamme ; si l'on abaisse la manette on réduit cette longueur que l'on peu abaisser peu à peu jusqu'à état de veilleuse.

Pour *la régularité de la pression*, quand la lampe fonctionne à longue flamme, manette en l'air, la pression est uniforme, le régulateur de la flamme règle aussi la pression du même coup parce que celle-ci dépend du degré d'enfoncement de la cheminée dans le corps de la lampe; en résumé si on réduit la flamme, on réduit en même temps la pression, de même qu'on réduit aussi la température.

Les lampes ne sont pas toujours munies du régulateur et peuvent néanmoins servir utilement comme brûloir au peintre qui n'a besoin que d'une seule température et d'une longueur de flamme uniforme ; le régulateur est plutôt nécessaire pour les travaux de soudure, de brasure, de trempe d'acier, d'analyses, etc., etc., car les éolipyles sont employés par tous les corps d'état qui se servent de la flamme et de la chaleur à haute température. La lampe à régulateur est naturellement d'un prix plus élevé que la lampe simple il est donc à peu près inutile que

le peintre s'octroie la forte dépense puisque la lampe simple lui
fait le même usage.

Pour éteindre ce genre de lampes il suffit de souffler très près
au centre du trou de la plaque du dessous, ou bien boucher

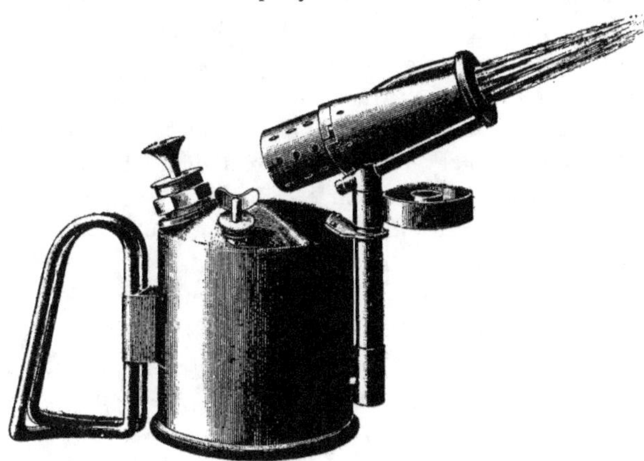

Fig. 4. — L'*Ardente* (chaleur 1500°), fonctionnant au pétrole ordinaire.

rapidement la gueule de la cheminée avec un tampon de linge
ou de papier.

Voici maintenant un modèle *tout nouveau*, dernière création,
de lampe à souder et à brûler, fonctionnant *au pétrole*...

L'*Ardente*, dont l'avantage est d'utiliser le pétrole *ordinaire*,
d'avoir un récipient toujours froid ainsi que le liquide qu'il contient, ce qui la met à l'abri de toute explosion et la rend d'une
sécurité absolue.

Elle fonctionne dans toutes les positions et par tous les temps,
le vent n'a aucune action sur la flamme.

La chaleur dégagée par cette lampe est considérable, 1 500°, ce
qui permet, pour le brûlage des peintures, d'aller très vite en
besogne.

La flamme, réglée par un régulateur à pointeau, peut durer
une heure un quart à toute intensité.

MODE D'EMPLOI

Remplissage : Dévisser la pompe et verser par l'orifice le pétrole dans la lampe en évitant de faire déborder au revissage, revisser *à fond* pour éviter toute fuite de liquide.

Allumage : Ouvrir le régulateur puis amener le godet mobile sous le bec de la lampe, remplir ce godet, à moitié seulement, avec de l'alcool à brûler; allumer l'alcool et, un peu avant sa combustion complète, refermer le régulateur et donner rapidement quelques coups de pompe, cela est nécessaire pour avoir dès le début le maximum de flamme ; on peut toujours ensuite régler à volonté à l'aide du régulateur.

Extinction : Pour éteindre la lampe il suffit d'ouvrir au maximum le régulateur afin de laisser tomber la pression intérieure. Avant de transporter la lampe une fois éteinte, il faut attendre une ou deux minutes, puis refermer le régulateur, on évitera ainsi les pertes de liquide.

La lampe *Ardente* n° 1 contient 0,450 gr. de pétrole.

—   n° 2   —   0,700   —

Prix du n° 1 : 20 francs. Prix du n° 2 : 25 francs.

La construction tout en cuivre est fort solide et très soignée. Cette nouvelle lampe est fabriquée et vendue par la Maison Gillet et Forest, Boulevard Henri IV, Paris.

Quant à la manière d'opérer le brûlage d'une peinture, elle est fort simple en elle-même et ne demande guère qu'un peu d'attention pour ne pas brûler le bois et ne pas chauffer les glaces ou les verres qui éclatent alors très facilement ; ce sont à peu près les deux seules précautions à prendre.

On évite le brûlage du bois, en retirant la lampe dès que la peinture est soulevée, on ne doit pas attendre que la grosse cloque qui se produit sous l'action de la chaleur prenne feu à son tour et tombe d'elle-même mais aussitôt que le soulèvement a lieu, il faut retirer la flamme et gratter au couteau pour faire tomber ; les *coups de feu* proviennent toujours de l'excès de chauffage quand on veut trop pousser le brûlage au risque d'aller jusqu'à la calcination ce qui est toujours mauvais.

Que cherche-t-on par le moyen du brûlage ? Détacher la peinture, la faire se soulever du bois, et l'aider de suite à tomber par grattage, il n'y a donc aucune utilité à vouloir la calciner.

Pour éviter l'éclatement des verres ou des glaces de devantures, il suffit d'interposer entre ces corps et la lampe, une bande de zinc ou une planchette que l'on fait suivre tout le long du châssis au fur et à mesure du mouvement de la lampe. Dans la pratique comme il faut un second homme pour tenir la bande protectrice du verre, on se débarrasse en une seule fois des tours de glaces, soit au début de l'opération, soit à la fin, pour ne pas avoir à déranger un autre homme à tout moment.

Si l'on rencontre des parties absolument rebelles au chauffage, il y a lieu de les laisser de côté pour les reprendre ensuite et les enlever à l'aide du grattoir parfaitement affilé, cela vaut mieux que de s'entêter à brûler et risquer des coups de feu sur le bois.

Les petits bois des parties vitrées ne se brûlent jamais, à cause du danger d'éclatement des vitres, de même que la peinture sur les petits bois en *fer* qui d'ailleurs ne se brûlent que très imparfaitement.

Toute partie non brûlée doit être grattée à vif ou décapée à fond.

Après le brûlage complet, on enlève tout l'excédent de peinture qui peut subsister encore, en opérant par grattage au grattoir affilé et aux petits fers pour le dégorgement des moulures. Cette seconde opération a pour but de parfaire le dépouillement du bois qui doit être absolument dénudé dans toutes ses parties.

On a le grand tort, à notre avis, de lessiver par-dessus le brûlage, cela graisse le bois, par suite de la pénétration de la potasse, il est de beaucoup préférable de passer un peu plus de temps au grattage ultérieur pour tout enlever et ne pas avoir à faire de lessivage, car lessiver sur du bois apparent c'est aller au devant des cloques futures.

Toutefois, dans les cas de lessivage à fond, et de décapage, on ne doit jamais ménager les lavages à l'eau pure et abondante, trois lavages *au moins* sont indispensables pour éliminer la potasse, la dernière eau étant acidulée par du vinaigre ou de l'acide acétique, ou mieux encore, ammoniacale.

Mais alors, et malgré ces précautions, il est de toute utilité de laisser sécher longtemps à l'air libre la devanture et la porte de rue ainsi traitées, et ne venir les peindre en première couche que lorsqu'elles sont dépourvues de toute trace d'humidité.

Il n'y a plus pour le reste du travail, qu'à opérer suivant la technique habituelle en observant surtout de travailler avec des teintes maigres ; n'employer l'huile que pour les travaux qui ne sont pas vernis, dans tout autre cas, absence presque totale d'huile, et couches très minces.

Si l'on procède à des travaux sur enduits, il faut tenir ces derniers forts en céruse, celle-ci seulement un peu durcie au blanc crayeux, et l'enduit passé *relativement mince*, car un enduit *chargé* n'est jamais aussi solide, principalement sur le chêne où il ne faut donner qu'un ratissage de garniture.

Il est important dans un travail de brûlage de ne négliger aucune partie, même les épaisseurs qui trop souvent sont laissées en leur état ancien ; on se base pour faire cette économie sur leur emplacement peu en vue. Or, il est à remarquer que dans ces cas de *sauvette*, toutes les parties négligées se couvrent de cloques aussitôt l'achèvement du vernissage ; cela est du plus détestable effet et donne à supposer au client, avec apparence de raison, que tout son travail a été *saboté*. Le peintre est obligé de revenir gratter ces parties ou de subir une réduction de mémoire pour mal façon et, quoi qu'il fasse ou quoi qu'il dise, sa réputation est désormais atteinte.

CHAPITRE VI

COUCHES DE FOND ET COUCHES DE FINISSION

CONSIDÉRATIONS GÉNÉRALES SUR LES PRINCIPES DE LEUR COMPOSITION ET DE LEUR APPLICATION

On appelle couches de fond les applications dernières de la peinture, celles qui suivent immédiatement les apprêts. La deuxième couche vient en effet préparer le fond qui se trouvera terminé par la troisième couche. Dès la seconde, le travail prend déjà un aspect plus sérieux, car la teinte que l'on emploie est plus couvrante, le fond étant moins absorbant et aussi parce que cette teinte est établie dans un ton approximatif de la nuance définitive, toujours plus soutenue que la teinte d'impression.

Dans l'application des couches de fond, on rencontre une facilité d'autant plus grande que l'on a porté d'attention lors de la toute première pour bien atteindre les creux de moulures, les angles, les dessus de saillies, etc.; d'autre part, la surface déjà imprimée, poncée et rebouchée est rendue plus glissante et moins spongieuse, la nouvelle teinte s'étale donc mieux que la première fois, aussi peut-on et doit-on la tenir plus épaisse.

Pour préparer une teinte de seconde couche il faut, comme toujours d'ailleurs, bien battre le blanc en pâte et l'amener progressivement à l'état de limpidité voulue pour son emploi en incorporant l'huile et l'essence, peu à peu et en battant toujours, c'est l'unique moyen d'éviter les grumeaux et d'avoir une teinte homogène. Les teintes doivent toujours être passées au tamis, quels que soient le genre et la nature du travail à exécuter. Cette précaution, que beaucoup de peintres jugent comme superflue ou qu'ils n'exécutent que dans les cas de travaux fins (en cela, ils ont grand tort), ne devrait jamais être négligée car une teinte tamisée a pour elle de très sérieux avantages, d'abord elle est exempte de grains, ne contient par conséquent aucun principe étranger, elle est très homogène. Le tour de passoire ayant parfait le mélange des divers éléments qui la composent, cela lui donne du moelleux, du liant, et facilite beaucoup son application au pinceau; en outre, avec une teinte *passée*, on est certain de ne pas faire de *fusées* en peignant, comme il arrive toujours quand on néglige ce soin, car si bien qu'on ait battu les diverses couleurs du mélange pour faire la teinte, il subsiste malgré tout quelques petits grains non dissous dans la masse et ces grains de couleur viennent s'écraser sous le frottement de la brosse à peindre, produisant ainsi des traînées intempestives de matières colorées que l'on a alors beaucoup de peine à *fondre* dans l'ensemble et qui gênent parfois très gravement l'exécution de la peinture. Même au point de vue strictement économique, le tamisage des teintes doit être recommandé. En effet les teintes non tamisées déposent tous leurs grumeaux au fond du camion, du pot ou du vase qui les contient, ce qui est déjà autant de perdu, puis ces dépôts, s'épaississant à la longue, durcissant, forment une croûte absolument inutilisable qu'il faut jeter pour nettoyer les camions dont le nettoyage est ainsi rendu plus difficile.

Dans l'exécution des couches de fond on doit apporter tous les soins nécessaires pour que les surfaces soient bien uniformément peintes et *proprement couchées*, selon l'expérience assez triviale de la technique populaire.

Pour coucher de fond *proprement*, il faut étaler la teinte avec méthode, d'abord *graisser*, puis *croiser*, enfin *lisser* les coups, de façon à ce qu'il ne reste aucune côte, veiller aux coulures dans les creux et aux empâtements sur les bords des arêtes ; le dernier lissage doit toujours être donné *dans le sens* de la surface ou de l'objet qui sont à peindre. Ainsi dans une porte à trois panneaux, les deux grands sont lissés verticalement, celui du milieu, le petit, est lissé suivant sa longueur à lui, dans le sens horizontal.

En principe donc, il faut peindre dans le sens qui est en rapport avec *la destination* de l'objet, et non pas toujours dans le sens *exact* de cet objet ; prenons un exemple :

Une suite de murs dans un long corridor ; le sens exact de ces surfaces planes c'est la longueur du couloir, mais le sens de leur destination *au point de vue peinture*, c'est la hauteur, aussi les surfaces murales sont-elles toujours peintes dans le sens de la hauteur, c'est-à-dire verticalement.

De même pour les soubassements peints, les frises et les lambris au bas des parties murales : une frise de lambris dont la hauteur va généralement de 0^m,80 à 1^m,10 a comme sens exact la longueur de toute sa course dans le bas du mur, mais le sens de sa destination c'est encore la hauteur, voilà pourquoi une frise de lambris doit être toujours *lissée* dans le sens vertical, et jamais dans le sens horizontal.

Il n'en est pas de même pour les plus petites frises, les bordures, les plinthes et les stylobates qui ont bien comme réelle destination la longueur de leur course interminable marquant l'arrêt du mur sur tout son parcours ; dans ce cas la peinture ne peut épouser le sens vertical, elle doit suivre le sens *exact* qui, cette fois, est aussi le sens de destination pour ces petites frises et bordures, comme pour les plinthes et les stylobates. Ce principe est absolu, il ne souffre pas d'exception ; on le met en pratique instinctivement plutôt que par raisonnement et il était utile, croyons-nous, de l'expliquer ici, car nous avons vu assez fréquemment des ouvriers peintres être en complet désaccord sur le point de savoir dans quel sens une frise de lambris ou de soubassement devait être peinte et lissée.

Reprenons nos explications quant aux couches de peinture :

Les couches de fond ne sauraient être composées uniformément, il faut qu'elles soient combinées suivant leur destination particulière et principalement en vue de leur exposition à l'extérieur ou à l'intérieur, car il est tout à fait important de leur donner une composition différente et appropriée.

Pour les peintures à l'extérieur, l'huile doit toujours dominer dans les mélanges mais ses proportions varient suivant le nombre de couches, les dernières étant plus grasses que les premières.

Cependant, il faut encore tenir compte de la nature des matériaux pour établir les proportions d'huile et d'essence dans la composition d'une teinte à l'extérieur aussi bien du reste que pour une teinte à l'intérieur.

Ainsi deux peintures placées dans les mêmes conditions et pour un travail de même nature seront variables dans leur composition si les matériaux sur lesquelles on les applique ne sont pas semblables.

Pour peindre sur du plâtre, sur du bois ou sur du fer placés à l'extérieur et sous une même exposition, le peintre est tenu de composer trois teintes différentes parce que les subjectiles sont chacun d'une espèce différente, le plâtre est beaucoup plus absorbant que le bois, et le bois plus absorbant que le fer. Le bois se subdivise lui-même en plusieurs essences ce qui oblige à un traitement spécial pour chacune d'elles ; le chêne et le sapin par exemple devraient être préparés par des moyens particuliers à leur nature spéciale, le second étant beaucoup plus spongieux que le premier, et celui-ci possédant une contexture plus rebelle aux applications de peinture puisque trois couches sur le chêne ne parviennent pas à couvrir ses veines, alors qu'elles suffisent amplement pour couvrir celles du sapin.

On voit par ces exemples combien l'exercice rationnel de la peinture en bâtiment est complexe ; nous disons l'exercice *rationnel*, parce que beaucoup de peintres n'observent pas toujours ces règles professionnelles qui découlent du raisonnement et de l'observation ; un grand nombre de praticiens travaillent plutôt par routine que par savoir, aussi n'est-il pas surprenant d'éprouver de grandes difficultés quand il s'agit de faire procéder à l'exécution de travaux sérieux qui sortent des habituelles conditions. A ne pas raisonner son métier on tombe vite dans la routine, et malheureusement ceux qui le raisonnent, ceux qui savent observer sont le très petit nombre.

De manière générale, les teintes pour couches de fond se tiennent de plus en plus fermes selon qu'elles approchent de la finission ; la deuxième couche est tenue plus solide que la première ou impression et la troisième couche est tout au moins égale sinon plus forte encore que la deuxième qui, elle, se compose ordinairement par parties égales de couleur et de liquide de façon à avoir une teinte qui *file* peu à la brosse quand on y plonge celle-ci comme il a été expliqué pour la teinte d'impression, voir page 57, mais, ici, pour la deuxième couche, on ne doit pas apercevoir les soies du pinceau qui, au contraire, doivent paraître *couvertes* sous la peinture.

Entre la deuxième et la troisième couche, on procède à un second rebouchage que l'on appelle *revision* et qui a pour but de racheter les omissions du premier rebouchage, omissions inévitables que le plus consciencieux des ouvriers peut commettre malgré tous ses soins et toute son attention.

On opère la revision sur la deuxième couche une fois sèche et après un léger ponçage au papier de verre : on emploie alors un mastic relativement mou et toujours de nuance approchant celle de la teinte définitive ; dans beaucoup de cas, on colore le mastic par addition de couleur en poudre ou en pâte, on le fait ainsi soit verdâtre, rose ou rouge, selon que le fond à peindre est vert, rose ou rouge.

Ce second rebouchage en revision doit être exécuté avec la plus grande attention et méthodiquement suivi afin que rien n'échappe à la vue ; on rebouche proprement, avec de plus grands soins s'il est possible qu'il a été fait à la première opération. On doit veiller à ne pas écorcher la couche du dessous, et si celle-ci a tendance à s'arracher, il faut suspendre la revision et laisser durcir le fond.

Quand le second rebouchage est terminé, on procède à l'application de la troisième couche qui est généralement la dernière, car on ne donne quatre couches que dans des cas exceptionnels et sur ordre exprès.

La troisième couche est composée des mêmes éléments et à peu près dans les mêmes proportions que la deuxième. Toutefois on la tient presque toujours un peu plus forte, en tout cas, la meilleure règle à suivre, c'est d'en faire l'essai préalable et de se conformer au résultat qu'elle paraît vouloir donner au point de vue *couvrant*. Il est tout à fait inutile de la pousser en épaisseur si elle couvre bien en étant plus liquide, il importe de chercher la qualité couvrante et pas autre chose, il n'y a donc pas lieu de *corser* au delà du degré voulu.

Les proportions habituelles sont, un peu plus de partie solide que dans la teinte précédente, mais si les proportions de celle-ci sont reconnues suffisantes pour couvrir convenablement, on doit s'y tenir et ne pas augmenter la proportion de la partie solide, les couches les plus épaisses ne sont pas les meilleures.

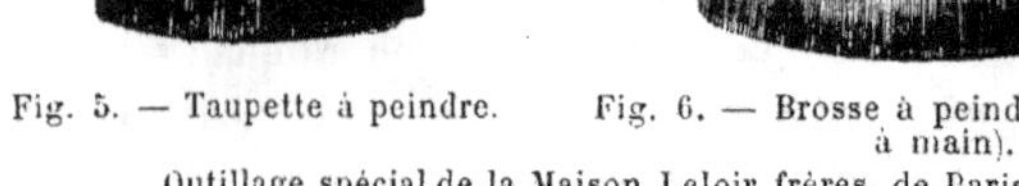

Fig. 5. — Taupette à peindre.   Fig. 6. — Brosse à peindre (dite : brosse à main).

Outillage spécial de la Maison Leloir frères, de Paris.

S'il y a nécessité de donner une quatrième couche, les proportions peuvent varier davantage car, dans ce cas exceptionnel, il y a fort peu à faire pour couvrir et, sans faire tout à fait *un jus*, on peut descendre sensiblement la force de la teinte qui a servi à donner la troisième couche.

Nous ne rappellerons pas les soins nécessaires à l'exécution de la dernière couche, nous les avons indiqués pour la deuxième,

ils demeurent tels, au moins, puisque c'est le dernier coup de brosse ; surtout bien veiller aux *maigreurs* et soigner le lissage.

COUCHES DE TEINTES POUR PEINTURE DITE POCHÉE

Dans beaucoup de cas, la finission des peintures s'exécute par un autre moyen que celui des applications de couches lissées, celui de couches pochées. Il consiste à tapoter la teinte étendue et plus épaisse qu'à l'ordinaire, avec les soies d'une brosse sèche; on obtient ainsi une peinture picotée, granuleuse, imitant assez bien le grain de la pierre de taille ou celui de certaines étoffes.

Fig. 7. — Brosse
à pocher.

Cette manière de peindre *au poché* a encore l'avantage de permettre la réussite de peintures mates lorsque les surfaces sont de fortes dimensions, chose excessivement difficile à réussir par la manière de peindre *au lissé ;* un simple plafond de dimensions ordinaires est fort difficile à réussir en mat, si on lisse à la brosse plate, mais quand on l'exécute au poché, ce n'est plus qu'un jeu.

La peinture pochée trouve donc une application assez étendue, pour tous les cas où l'on veut imiter la pierre laissée en son état naturel, pour tous les cas où l'on veut à l'intérieur, imiter une étoffe tendue sur les murs, et pour tous les cas où l'on a de grandes surfaces peintes à faire en tons mats.

Pour cet usage; c'est à dire pour pocher la peinture, on utilise une brosse spéciale de forme carrée, forte et longue de soies ; elle est privée du manche habituel que possèdent toutes les brosses et se termine par une poignée.

On a vu plus haut que la teinte pour peinture pochée était tenue plus épaisse, plus forte que les autres teintes : cela est compréhensible, car le pochage ne pourrait *marquer* sur une teinte habituelle que la brosse plate suffit à lisser. Il est nécessaire, pour que les granulations se produisent sous les picottements des soies de la brosse à pocher, que cette teinte ait une forte consistance et permette ainsi aux granulations de se maintenir en léger relief.

Pour cette raison déjà, toute teinte grasse, à l'huile, ne saurait convenir, quelle épaisseur eût-elle, car le grain s'il pouvait marquer, ne se maintiendrait certainement pas ; il faut donc ne faire que des teintes à l'essence, les siccativer très peu, et même pas du tout en été. Il est nécessaire, en effet, que la couleur ne *prenne* pas trop vite, on n'aurait pas le temps voulu pour faire les deux opérations, coucher de teinte, puis pocher par-dessus, en outre, le mat obtenu aurait les plus grandes chances d'être défectueux.

On obtient de beaux effets par l'accord d'une peinture pochée et d'une peinture lisse, notamment dans une distribution de décor-marbre ; les panneaux marbrés restent lisses, sont vernis ou cirés, mais, on fait tous les *champs* en ton pierre unie, pochée ; cet accord est très beau, et d'un aspect naturel saisissant.

Pour l'exécution du poché, on passe d'abord la couche, grassement, sans lisser ni croiser, puis on prend la grosse brosse spéciale et l'on tamponne dans la teinte fraîche, bien d'aplomb, pour que les soies tapent toujours en plein, très régulièrement.

Quand il y a deux hommes, l'un passe la couche et prend un peu d'avance, puis l'autre vient derrière pour suivre et pocher dans le frais.

S'il y a de grandes surfaces, ou des surfaces relativement longues à peindre et si l'on redoute les *reprises*, il faut *mettre du monde*, deux hommes pour peindre, deux autres pour pocher. On doit faire attention aux *manques de touches* dans le poché, c'est la chose la plus importante du travail, parce que, en cas de manque, le mat est compromis et bien souvent raté : il vaut mieux ne pas courir et aller méthodiquement que de risquer d'avoir des *brillants* ou des *toiles* dans le plafond ou dans la partie murale qu'on a entrepris.

Quand on a à faire du poché côte à côte avec une peinture lisse, il faut toujours attendre que celle-ci soit sèche avant de commencer l'autre : on protège alors, au moment du pochage, la peinture lisse, avec une feuille de carton que l'on place tout contre le bord de la partie à pocher, le carton recouvrant la peinture lisse ; de la sorte, on peut manœuvrer la brosse spéciale, sans crainte de déborder sur l'autre fond.

La peinture pochée ne s'exécute pas sur les boiseries ordinaires de l'habitation, elle n'y serait pas à sa place ; ce genre particulier ne convient que pour les surfaces murales et les plafonds.

Une des meilleures et très anciennes maisons de peinture de Paris avait mis à la mode, autrefois, des peintures *à la colle*, *pochées*, mais on n'opérait pas directement sur le mur, ce qui aurait nécessité un trop grand travail d'apprêts : on peignait alors *sur papier de fond* placé et collé préalablement de façon très convenable, avec tous les soins nécessaires pour que la face du mur soit bien nette. Une fois cette tenture de fond bien sèche, complètement et parfaitement tendue, on appliquait les teintes de nuances choisies, au goût du client. Il fallait *du monde* pour réussir ce travail d'autant plus qu'on était alors sous l'ancien système de la peinture en détrempe, beaucoup plus difficile que le système actuel des blancs gélatineux. On devait coucher vivement, par principes, puis pocher encore plus vivement. Les résultats étaient merveilleux, ces mats à la colle pochée semblaient être tout à fait de la belle et bonne tenture en étoffe.

Mais, si cela était beau, ce n'était guère pratique, car les peintures à la colle ont trop peu de résistance au frottement, la moindre tache qu'elles reçoivent ne peut s'enlever, et aucun lavage ni nettoyage ne sont permis puisqu'elles ne peuvent supporter l'eau. On abandonna les pochés sur colle et on ne les fit plus désormais que sur peinture à l'huile, ce qui prouve une fois de plus que chaque procédé, chaque méthode de travail, chaque spécialité ne peut rendre que des services spéciaux, particuliers à des cas déterminés et non s'appliquer à tous d'une manière générale ou uniforme [1].

DE L'HUMIDITÉ ET DE LA SALPÊTRISATION

On peut considérer l'humidité comme un véritable fléau pour les peintures, car elles n'ont pas de plus terrible ennemi, aucune peinture ne peut lui résister, c'est le désespoir du peintre. Aussi que de précautions doit-il prendre pour éviter toute atteinte d'une cause humide quelconque ; la moindre fraîcheur dans les maté-

---

[1] Aujourd'hui, avec le *Matolin* on pourrait reprendre facilement ce genre de peinture en détrempe pochée, le Matolin ayant de très sérieuses qualités de résistance.

riaux, la plus petite filtration des eaux pluviales ou ménagères
sont des cas très redoutables contre lesquels on ne peut jamais
assez se prémunir.

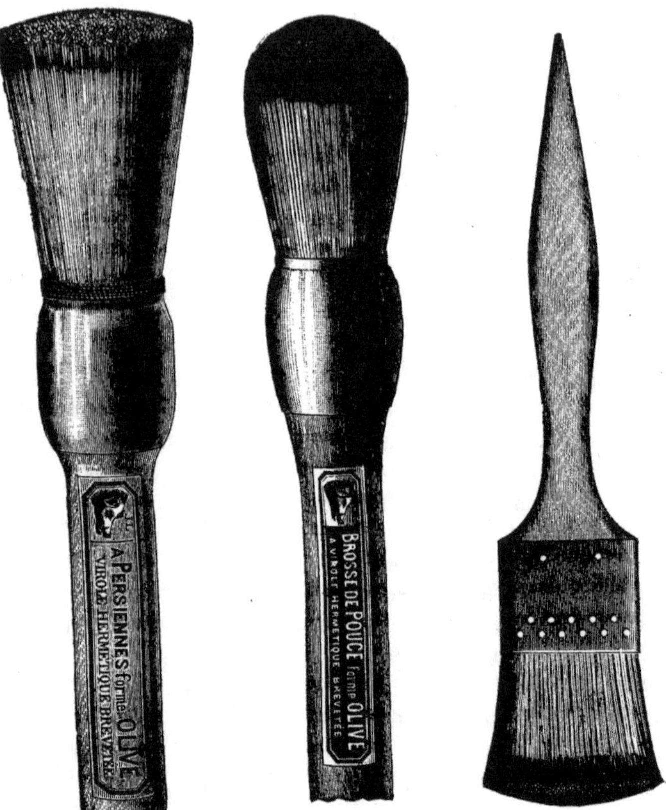

Fig. 8. — Brosse de pouce, virole hermétique ordinaire.   Fig. 9. — Brosse de pouce, forme ovale, virole hermétique.   Fig. 10. — Brosse pour peintures vernissées.

Outillage spécial de la Maison Leloir frères, de Paris.

Les ravages de l'humidité sont encore accrus par les méfaits de
sa compagne obligatoire, la salpêtrisation, qui désagrège complètement les surfaces que les peintures recouvrent, et ce mal ne

peut être conjuré que très inefficacement, quels que soient les moyens employés ; ces moyens sont pourtant nombreux, il en existe d'anciens et de nouveaux, les uns et les autres créés spécialement à l'usage du peintre qui les utilise à peu près tous sans grand avantage et à son plus grand découragement. Mais il convient de dire aussi que dans beaucoup de cas on pourrait avec de la réflexion, non pas empêcher toute humidité de se produire, mais tout au moins la détourner par une aération raisonnée ou par une saignée judicieuse quand la recherche de la cause en a démontré la possibilité comme dans le cas d'une filtration que le plus souvent il n'y a qu'à aveugler et à sécher pour la faire disparaître. Et c'est toujours ce qu'il faut rechercher : d'où vient le mal, quelle est la cause des dégâts? Dans les cas de buée constante, une ventilation sérieuse est obligatoire et tout rentrera dans l'ordre. Dans le cas d'une humidité causée par le voisinage d'un contact extérieur, il y a lieu de créer l'isolement de ce contact soit par le vide, soit par l'interposition d'un obstacle réfractaire, car, la cause supprimée, les effets sont supprimés du même coup.

Mais quand la cause vient de la matière elle-même, lorsque la source du mal vient directement du sol et réside dans l'intérieur des matériaux, il n'y a pas de guérison possible, on ne peut espérer que cacher le mal et non l'extirper : c'est la raison de l'humidité des sous-sols, des murs mal exposés, battus par les pluies et dont les pierres ou les moellons finissent par se salpêtrer.

Il y a quelquefois des dégâts déterminés par une cause insoupçonnable, se manifestant à des endroits ou sur des surfaces qui théoriquement ne devraient pas être atteints, comme par exemple sur des plafonds parfaitement protégés d'après leur construction même qui les isole de tout contact humide; eh bien, le plus souvent, la cause en est à l'emploi de matériaux douteux déjà contaminés dans une utilisation précédente et que l'on a fait servir à nouveau dans une construction neuve, conjointement avec des matériaux sains; un seul fragment salpêtré placé parmi les hourdis du plafond et voilà des efflorescences qui paraissent, qui s'étendent et que l'on ne peut combattre : le loup est dans la bergerie, il n'en sortira pas et ses ravages continueront sans cesse.

Sur un pan du mur placé en contre-bas du terrain, il y aura toujours des dégâts inguérissables parce que le contact de la terre avec le mur est permanent ; qu'on vienne à les isoler l'un de l'autre en évidant la masse de terre, il n'y aura plus de manifestations fâcheuses ou bien elles ne continueront à exister qu'aux environs des parties basses directement en contact avec le sol.

Quoi qu'il en soit, les inconvénients de l'humidité sont toujours graves et pour la plupart irrémédiables, le peintre ne peut guère faire autre chose que les masquer aux regards par des moyens empiriques dont l'efficacité est bien aléatoire. Pour les parties basses qui sont en contact permanent avec le sol, on a pris le parti général de les soustraire à la désagrégation par l'emploi du ciment, mais un autre inconvénient surgit encore; le ciment détruit la peinture et de façon au moins aussi rapide que le salpêtre ; le peintre n'est donc pas plus avancé. Devant ces difficultés, les chercheurs ont multiplié leurs efforts et de nombreux produits ont vu le jour ; enduits et liquides spéciaux se comptent par légion. On a utilisé des produits caoutchoutés à cause de leur nullité hygrométrique ; des produits siliceux, des produits bitumeux, des produits métalliques ainsi que l'ardoise et les calcaires qui tous ont leur bon et leur mauvais côté, mais dont l'invention pour la plupart pèche souvent par la base.

Il faut bien se rendre compte que si tout corps non hygrométrique peut constituer un isolant contre l'humidité, il ne pourra rendre tous ses effets que s'il peut être assis lui-même convenablement et ne subir aucune cause de détérioration, or, si le caoutchouc refuse l'humidité, c'est incomplètement, car il est constitué par la réunion de cellules dont la disposition est à peu près semblable au gâteau de cire des abeilles; le caoutchouc vu au microscope offre en effet une texture cloisonnée et non pas uniformément lisse, on comprendra donc que dans ces cloisons l'eau puisse se loger facilement et les détruire au bout d'un certain temps ; en un mot, la contexture du caoutchouc ne lui permet pas d'avoir une étanchéité parfaite.

Les produits bitumeux ne peuvent pas être employés *à l'épaisseur suffisante*, ils se trouvent déposés à la surface en simple pellicule qui, lorsqu'elle est, par la suite, privée du véhicule qui a servi à l'étendre, devient cassante, feuillette et tombe.

Les produits métalliques sont dans le même cas, parce qu'ils ne peuvent exister dans les solutions qu'à l'état métallique beaucoup trop faible et dès que leur véhicule se trouve attaqué ou lorsqu'il est réduit, il ne reste comme métal que des molécules extrêmement espacées, l'humidité a dès lors toute aisance pour passer entre elles, et comme d'ailleurs elles ont également perdu toute cohésion, toute homogénéité par suite de la perte de la matière liquide qui les soudait les uns aux autres, elles tombent sous le moindre effort, n'ayant eu ainsi qu'un rôle préservateur bien éphémère. L'ardoise et les calcaires ne peuvent offrir également ment qu'une protection passagère et pour les mêmes raisons.

Le problème est donc des plus complexes, très difficile à résoudre et nous ne voyons, quant à nous, sa solution probable que par l'utilisation de réactions chimiques venant solidifier et imperméabiliser *après coup* une substance préalablement appliquée, comme par exemple l'emploi de la gélatine bichromatée qui se solidifie et devient insoluble sous l'action de la lumière du jour. Pourquoi n'essaierait-on pas ce procédé, tout au moins dans les cas assez nombreux où les surfaces à protéger sont exposées au jour ?

Si nous ne sommes pas l'inventeur du procédé, on reconnaîtra cependant que nous n'hésitonspas à indiquer l'un de ses emplois susceptible de procurer des bénéfices au négociant qui voudrait le rendre commerciable. Il est vrai que cela n'est pas toujours facile de rendre utilisable et pratique les propriétés d'un phénomène chimique ou physique. Cependant les persévérants y arrivent assez souvent.

Maintenant, pour être complet dans notre étude sur l'humidité et la salpétrisation, voici, pour les esprits chercheurs, deux formules à essayer :

Faire dissoudre à froid, dans un litre d'eau, 500 grammes de gélatine, y ajouter ensuite 50 grammes de bichromate de potasse et mettre à dissoudre *dans l'obscurité*. Au moment de l'emploi, passer tout simplement une couche de cette solution qui se solidifiera *après séchage* sous l'action de la lumière du jour. La gélatine bichromatée une fois sèche est insoluble même à l'eau chaude.

Autre formule : Chauffer fortement 5 litres de pétrole, puis y incorporer à saturation *de l'asphalte*, à l'état poudreux, laisser bouillir une heure, mettre à refroidir après avoir bien remué. On utilise ce mélange comme une teinte ordinaire, on éclaircit avec de l'essence minérale s'il y a lieu de la rendre plus limpide avant de l'appliquer sur les surfaces à protéger.

Et comme suprême moyen de masquer l'humidité, c'est l'utilisation du papier de plomb ou d'étain qui se trouve dans le commerce en feuilles de 1 mètre.

On assainit la surface par un bon grattage à vif, et l'on y applique les feuilles de ce papier métallique préalablement enduit sur une de ses faces, avec une teinte composée de blanc de céruse détrempé à l'huile grasse, on consolide avec quelques pointes à tête plates dites semences. Aucune humidité ne reparaît sous ce papier de plomb, malheureusement c'est un procédé un peu coûteux que l'on ne peut pas employer partout, mais dans tous les cas où cela en vaut la peine, il n'y a pas d'hésitation à avoir, car ses résultats sont absolument certains.

Parmi la quantité de produits hydrofuges destinés à faciliter aux peintres l'application des couches sur les parties de murs frais, humides ou salpêtrés ; de même que pour préparer les ciments, nous devons signaler le plus ancien de tous, celui qui a fourni les preuves les plus probantes d'efficacité : l'enduit hydrofuge de Candelot qui, s'il ne peut triompher totalement de l'humidité (reconnue incombattable), est au moins l'hydrofuge avec lequel les peintures assises sur des fonds douteux, se conservent le plus longtemps, c'est grâce à ce produit que l'on a pu et que l'on peut encore ne pas être retardé dans les travaux par les parties de plâtres frais, ce qui est un vrai soulagement dans les cas pressés.

L'hydrofuge Candelot est sur la brèche depuis plus d'un demi-siècle, voici cinquante-quatre ans qu'on l'emploie et quarante-sept ans qu'il figure à la Série officielle des Prix de la Ville de Paris ; s'il n'avait pas offert aux peintres toute la satisfaction désirable, ceux-ci n'auraient pas, de père en fils, conservé son usage, le Candelot n'aurait pas eu consécutivement les faveurs de trois générations de professionnels.

Dès 1854, les enduits hydrofuges de Candelot ont été expérimentés par la Société Centrale des Architectes de France, et après une série d'expériences que les années seules pouvaient rendre décisives, ils furent adoptées en Assemblée générale (février 1859).

En 1861, les architectes de la Ville de Paris décidèrent d'adopter ces hydrofuges dans leurs travaux et de les insérer dans la série officielle des prix de la ville, ce qui était la consécration définitive de l'excellence de ces produits anti-nitreux.

Nous n'avons pas à parler ici des nombreuses récompenses obtenues, les récompenses ne sont pas toujours l'irrécusable preuve de la qualité d'un produit industriel : quelquefois même... mais n'insistons pas... Pour tous les peintres sérieux la longue carrière du Candelot suffit à cette preuve.

Les hydrofuges en question sont actuellement la propriété de MM. Bernard frères, fabricants de vernis et d'enduits, 148, faubourg Saint-Denis, à Paris, qui ont pris la succession des spécialités de Candelot.

Ces produits spéciaux se présentent sous la forme d'une peinture prête à employer ; ils forment après leur application une sorte d'émail à la surface des matériaux. Possédant une vertu pénétrante excessive, ils adhèrent parfaitement, durcissent très vite et résistent pendant un temps considérable à l'action désagrégeante de l'humidité ainsi qu'aux ravages de la salpêtrisation.

Selon l'état des matériaux et leur degré de saturation par les causes désorganisatrices, on donne deux ou trois couches de ces enduits. Ces couches servent de fond et les surfaces peuvent être peintes en finission, par les méthodes habituelles, sans qu'il soit besoin de faire d'autres apprêts : on peut donner deux couches dans la même journée ce qui est un sérieux avantage puisque ces enduits permettent l'exécution immédiate de la peinture ordinaire ou du collage de papier malgré l'état de fraîcheur des murs dans les constructions neuves, ou par les raccords de plâtres frais dans les travaux de réparation.

Les enduits hydrofuges de Candelot se divisent en trois sortes :

1° Le ciment porcelaine anti-nitreux n° 1, de coloration blanche, est spécialement destiné à l'application sur les surfaces humides ou salpêtrées qui doivent être peintes en tons blancs ou clairs.

2° Le ciment-porcelaine n° 2. Ayant le même objet et les mêmes propriétés que le n° 1, mais étant de coloration relativement foncée (gris pierre), il s'applique dans tous les cas similaires, où les peintures ultérieures doivent être exécutées en tons plus accusés, de même que sous les papiers peints, les tentures, les boiseries et derrière les glaces.

3° Le préservatif de peinture sur ciment, également livré sous deux numéros, le n° 1 est blanc, le n° 2 est gris ; on l'applique sur toutes parties de ciment et autres mortiers, afin de protéger la peinture contre l'atteinte de la chaux ou des sels de chaux qui seuls sont la cause de désorganisation inévitable qu'éprouvent les peintures appliquées directement sur ces matériaux.

Comme prix de revient, les enduits vendus par MM. Bernard frères, sont très abordables.

Ciment porcelaine n° 1, blanc. . . . . . .   2,50 fr. le kg.
Ciment porcelaine n° 2, gris.   2,00   —

Un kilogramme de ces enduits couvre environ 2 mètres à 3 couches.

Préservatif de peinture sur ciment n° 1, blanc.)   Mêmes prix que
    —   —   — n° 2, gris. .)   ci-dessus.

Pour le rebouchage des trous sur les surfaces ravagées par la nitrification, on fait un bon usage de la *poudre d'albâtre* dont on fait un mastic par mélange de cette poudre avec le ciment-porcelaine.

CHAPITRE VII

DÉTAIL DES OPÉRATIONS

TRAVAUX A L'INTÉRIEUR. PEINTURES SUR BOIS NEUF EN TRAVAIL ORDINAIRE

Époussetage. — C'est la première et la plus fréquente des opérations, car on doit toujours la répéter pendant la durée des travaux de quelque genre et de quelque espèce qu'ils soient, avant toute besogne. Toutefois le premier époussetage est le plus sérieux, il a pour but de dégager la poussière des surfaces à peindre ; on le fait suivre, dans le neuf, par un égrenage ou un brossage à la brosse de chiendent pour enlever complètement toutes les souillures, la peinture ne pouvant être appliquée que sur des surfaces très nettes, indemnes de tout corps étranger.

Impression ou première couche. — Une bonne impression doit être faite avec le blanc comme base, et le blanc préférable à tous égards, c'est la céruse qui possède des qualités de couverture, de moelleux, de solidité et d'économie qu'aucune autre couleur ne possède quoi qu'on ai dit et écrit sur ce sujet et malgré la virulente campagne qui a été menée en France pendant sept ans contre le blanc de plomb sous prétexte d'empoisonnement saturnin à jet continu et dans des proportions soi-disant effrayantes. La céruse est un sel de plomb, et par conséquent elle est nocive, mais les autres sels de plomb le sont au même titre, tel le minium qui lui, est employé aussi sur une vaste échelle.

Or, il est à remarquer que l'action de la campagne s'est toujours limitée à la céruse seule, le minium n'a jamais été mis en cause, pas plus que le jaune de chrôme, autre dérivé du plomb, nocif également. On a attaqué le blanc de céruse en tant que produit essentiel de peinture, mais on ne l'a pas attaquée pour ses autres usages, notamment son emploi journalier dans la fermeture hermétique desjoints et des pas de vis de la robinetterie. On permet donc aux plombiers de la prendre avec leurs doigts et de la triturer avec de la filasse pour aveugler les fuites de leurs robinets, mais on ne voudrait pas permettre aux peintres de la prendre *de loin*, avec des spatules, ni l'appliquer du bout de leurs brosses sur les murs et les boiseries où son utilité est indispensable. Un peintre ne touche presque jamais la céruse avec les doigts tandis qu'un plombier y touche avec les mains tous les jours, le peintre se lave les mains plusieurs fois dans une journée, le plombier se contente d'un essuyage sommaire.

Et l'on veut faire accroire au public que c'est précisément celui qui prend le plus de précautions qui se trouve empoisonné, pendant que celui qui n'en prend aucune est indemne !

Que la céruse soit un poison, on le sait, on l'a toujours su, bien avant la campagne entreprise contre elle, mais ce que l'on sait aussi, c'est qu'elle n'est dangereuse qu'à l'état poudreux, à cause de l'aspiration de ses poussières... or, jamais le peintre n'utilise la céruse en poudre ; depuis un demi-siècle, on la lui fournit broyée en pàte, donc plus de poussières à craindre, plus de broyage à faire, reste seul son emploi toujours à l'état pâteux ou liquide... Où donc est le danger ? Il serait, il est certainement encore dans la malpropreté corporelle et de l'outillage. Or, il est avéré que les quelques professionnels qui sont atteints sont précisément, et neuf fois sur dix, des gens sans soins, habituellement sales. Ce n'est certes pas pour protéger ces quelques insouciants que la campagne contre le blanc de plomb a été conduite si vigoureusement, avec une ardeur si âpre et dura si longtemps !

Quoi qu'il en soit, nous conseillons aux peintres, dans l'intérêt de leurs travaux, d'employer la céruse de préférence à tout autre produit similaire, toutes les fois que les conditions le leur permettent, par exemple lorsque le cahier des charges ne la prohibe pas formellement. La teinte d'impression doit être très fluide, pour pouvoir bien pénétrer les pores du bois, mais elle doit cependant contenir assez de matière solide pour qu'il reste de la couleur sur les surfaces. Composition rationnelle :

Blanc de céruse	1/5
Essence de térébenthine	3/5
Huile de lin	1/5
Siccatif liquide	1/20 de la masse.

Si l'on emploie du blanc de zinc, on doit augmenter de beaucoup la proportion d'huile.

Ponçage et rebouchage. — Le rebouchage est toujours précédé d'un ponçage à sec au papier de verre sur la couche d'impression bien sèche ; épousseter ensuite avec soin puis reboucher, au mastic ordinaire sauf pour les peintures blanches où l'on emploie un mastic formé de ce blanc broyé à l'huile, puis durci avec du blanc d'Espagne pulvérisé ; toute adjonction de siccatif dans un mastic lui est préjudiciable. On ne doit pas peindre trop tôt sur le rebouchage, il faut le laisser durcir suffisamment pour qu'il ne puisse se creuser sous le passage de la brosse.

Deuxième couche. — On la tient plus épaisse, *plus forte* que la couche d'impression car il n'y a plus à chercher la pénétration du bois, mais au contraire chercher à *couvrir* au moins relativement le fond ; son mélange se fait par proportions plus égales de couleur et de liquide :

Blanc	2/5
Essence de térébenthine	2/5
Huile de lin	1/5
Siccatif blanc en poudre	1/20 de la masse.

Revision ou second rebouchage. — Précédé également d'un léger ponçage au papier de verre fin ce dernier rebouchage s'opère toujours avec un mastic teinté dans la nuance de la peinture qu'on exécute.

Troisième couche. — Comme application dernière de peinture cette couche demande à être particulièrement soignée dans son exécution, on la compose de façon à peu près semblable à la deuxième couche, mais en la tenant un peu plus forte, car il faut *couvrir* très convenablement. Dans tous les cas où cette teinte est *corsée*, on doit la lisser en dernier lieu à la brosse plate ou la blaireauter au blaireau spécial selon le mode d'outillage dont on dispose.

Les peintures aux blancs de zinc et aux blancs combinés, autres que la céruse, ne peuvent couvrir à trois couches que si on augmente leur degré d'épaisseur; il faut donc tenir compte de la différence d'emploi qui en résulte et peindre plutôt grassement que maigrement… il faut bien travailler la teinte, surtout au moment du lissage final si l'on veut une peinture unie sans côtes ni rayures.

Voir les proportions de la deuxième couche.

Quatrième couche. — Opération toujours d'ordre supplémentaire, par conséquent non prévue dans les prix de série, elle ne doit s'exécuter que sur demande expresse et dûment reconnue; les proportions doivent être sensiblement différentes et à peu près dans la donnée suivante :

```
Blanc. . . . . . . . . . . . . . . . . . . . . . .  2,5
Essence de térébenthine. . . . . . . . . . . . .  3/5
Huile de lin . . . . . . . . . . . . . . . . . . .  une pointe.
Siccatif blanc en poudre . . . . . . . . . . . .  1/20 de la masse.
```

PEINTURES SUR BOIS NEUF

EN TRAVAIL SOIGNÉ

Les premières opérations restent les mêmes que pour le travail ordinaire, jusqu'au ponçage inclusivement; on procédera donc comme il a été dit, savoir :

Epoussetage-égrenage.

Impression 1re couche.

Ponçage au papier de verre.

Enduisage. — Ici, les opérations changent, car, au lieu de peindre directement sur le bois, ou lui faire subir un apprêt très sérieux pour rendre sa surface absolument lisse, couvrir de façon absolue toutes ses veines et boucher hermétiquement tous ses pores; cette opération c'est l'*enduisage* qui s'exécute immédiatement sur la couche d'impression *une fois poncée* et *après un rebouchage sommaire* fait à l'enduit légèrement durci.

L'enduit dont on se sert pour les boiseries est appelé *enduit maigre* pour le distinguer de l'enduit qu'on emploie sur les plâtres et désigné sous le nom d'*enduit gras*[1].

Voici la composition d'un enduit maigre pour les parties plates des boiseries ; les parties moulurées quand elles sont enduites (pour travaux très soignés) reçoivent une composition de même nature, mais différente, dans ses proportions.

Enduit maigre pour *parties plates* des boiseries :

Blanc en pâte, broyé à l'huile.	1/5
Essence de térébenthine.	1/5
Huile de lin	1/10
Blanc de Meudon pulvérisé et tamisé avec soin.	2/5
Siccatif liquide.	1/10

Enduit pour parties moulurées :

Blanc en pâte broyé à l'huile	2/5
Essence de térébenthine.	1/5
Huile de lin.	1/10
Blanc de Meudon tamisé	1/5
Siccatif liquide.	1/10

Décrottage. — Les boiseries, après avoir été enduites, sont *décrottées* au couteau afin d'enlever les bavures et les bourrelets qui se trouvent aux arêtes et dans les angles.

Ponçage et revision. — On procède ensuite à un ponçage léger (sur l'enduit sec), et à la revision de rebouchage à l'aide d'un mastic plutôt mou et teinté approximativement dans le ton futur de la boiserie, on doit reviser avec une grande attention pour ne rien laisser échapper des inégalités de l'enduit.

Deuxième et troisième couches. — Se reporter aux explications qui viennent d'être données à cet égard, page 110, mais, dans ce genre de travaux soignés, pour intérieur, on finira par une teinte *tout à l'essence*.

---

[1] Il n'existe que deux sortes d'enduits, le *maigre* et le *gras*, le premier s'applique sur toutes les boiseries indistinctement et le second sur tous les plâtres, en dedans comme en dehors. Il n'y a donc pas d'enduit gras spécial pour intérieur et un autre spécial pour extérieur, ainsi que nous l'avons entendu dire en public par un ingénieur qui s'est beaucoup prodigué ces derniers temps sur les questions de peinture.

Quatrième couche. — S'il y a lieu, mais toujours d'après un ordre spécial et formel sauf dans le cas de conventions préalables écrites et approuvées.

Nous n'avons en vue dans toute cette nomenclature des opérations successives, que les travaux rigoureusement d'intérieur, en peinture unie mate ; nous décrivons d'autre part les travaux spéciaux des peintures polies, des peintures vernies et des peintures cirées qui sont des travaux de luxe s'exécutant dans les deux cas, extérieur et intérieur.

PEINTURES SUR BOISERIES ANCIENNES
TRAVAUX DITS : A L'ENTRETIEN

Pour les travaux d'entretien, de restauration ou de réparation, le mode opératoire se trouve quelque peu modifié ; en voici la marche générale :

Lessivage. — Pour nettoyer et refaire les anciennes peintures. Quand les fonds sont encore en bon état, le lessivage se fait en *conservant* les dessous, par une eau de potasse assez légère pour qu'elle n'attaque que la peinture superficielle sans manger les dessous.

Décapage. — Lorsque les fonds sont abîmés et nécessitent une réfection complète, on dépouille le tout, peinture et dessous ; on dit aujourd'hui : *décaper* pour désigner l'opération du dépouillage. Après le décapage, faire des lavages abondants, laisser sécher et reprendre les opérations indiquées pour les travaux neufs :

Impression, Rebouchage, Couches de fond, pour le travail ordinaire.

Impression, Ponçage, Enduit, Couche de fond pour le travail soigné (voir à ce sujet les explications précédentes).

Quant au simple travail du nettoyage des peintures *à conserver*, on emploie une eau de potasse très légère qui ne puisse d'aucune façon attaquer la peinture, même superficiellement.

Un lessivage *à conserver* est toujours suivi du travail de *raccords* ou retouche on raccorde dans les tons voulus toutes les égratignures et éraflures, ainsi que les gros trous et les fentes que l'on rebouche au préalable avec un mastic teinté dans la nuance locale ou ton général des peintures à retoucher.

PEINTURES SUR PLATRES NEUFS DES PARTIES MURALES
A L'INTÉRIEUR EN TRAVAIL ORDINAIRE

Sur les plâtres crus, et pour les travaux courants, il n'y a pas de couche d'impression, on procède immédiatement à leur enduisage *au gras* qui dans ce cas spécial est désigné sous le nom de ratissage; on commence tout d'abord par :

L'égrenage au grattoir. — Passer le grattoir par toute la surface afin qu'il n'y reste aucun grain, aucun *pépin* de plâtre. On donne ensuite un coup d'époussetage très sommaire.

Rebouchage. — On passe de suite au rebouchage des gros trous à l'aide d'un mastic *au plâtre noyé*, car il ne faut pas de principe gras sous l'application du ratissage.

Composition de l'enduit gras :

	POUR RATISSAGE	POUR ENDUIT RÉEL
Blanc de Meudon	2,5	2,5
Blanc broyé à l'huile	1/10	1,5
Huile de lin	1/5	2,5
Siccatif liquide	1/40 de la masse.	1/40 en plus de la masse.

Décrottage et ponçage. — Dès que l'enduit gras est suffisamment durci pour pouvoir supporter le ponçage, on procède à cette opération que l'on fait toutefois précéder du décrottage des bavures et des bourrelets qui se rencontrent principalement dans les angles.

Le ponçage s'exécute au papier de verre fin et de façon assez légère pour ne pas rayer les surfaces; on passe un bon coup d'époussetage pour finir.

Rebouchage en revision. — Sitôt après avoir poncé et épousseté on attaque le rebouchage de l'enduit dans toutes ses faiblesses, dans toutes ses inégalités, on opère avec un mastic mou, *au blanc* de préférence, il faut avoir grand soin de ne pas *arracher* ni faire *plisser* le dessous d'enduit en appuyant trop fortement le couteau.

On laisse durcir les mastics deux ou trois jours et l'on continue le travail par l'application des couches de peinture.

Deuxième couche. — On donne cette couche généralement assez grasse quand on opère sur un ratissage qui reste absorbant à cause de sa composition toute de blanc d'Espagne et d'huile de lin. Cette dernière, immédiatement absorbée par le plâtre cru, s'est en partie retirée du blanc qui demande à être *nourri* de nouveau. Se tenir un peu gras à cette couche, c'est éviter les embus futurs.

Sur des surfaces qui ont été enduites avec de l'enduit gras véritable, l'absorption est bien moins grande parce que dans cet enduit le blanc en pâte à l'huile est en plus grande proportion, le plâtre se trouve ainsi davantage isolé, recouvert d'une composition moins crayeuse et plus dure qui permet l'application d'une première teinte qu'il n'est point nécessaire de pousser au gras.

Voici les proportions les plus *rationnelles* pour la composition de cette couche :

	POUR RATISSAGE	POUR ENDUIT
Blanc en pâte, broyé à l'huile	2/5	2/5
Huile de lin	2/5	1/5
Essence de térébenthine	1/5	2/5
Siccatif liquide	1/20 de la masse.	

Toutefois, si l'on doit faire une peinture *mate* on devra s'en tenir à la première formule, c'est-à-dire faire relativement gras, un beau mat étant toujours facilité par un dessous gras.

Troisième couche. — Elle est généralement traitée en peinture *mate* puisque nous sommes aux travaux pour l'intérieur. Il est superflu de rappeler ici les soins et l'attention qu'il faut apporter dans l'application de cette dernière couche, ce sont d'ailleurs les mêmes que celles indiquées précédemment au sujet de la troisième couche sur les bois neufs. Composition :

Blanc en pâte, broyé à l'huile	3/5
Huile de lin	»
Essence de térébenthine	2/5
Siccatif blanc en poudre	1/40 de la masse.

TRAVAUX A L'EXTÉRIEUR

PEINTURES SUR BOIS NEUF EN TRAVAIL ORDINAIRE

Comme principe absolu, toutes les teintes pour la peinture à l'extérieur doivent être d'une teneur en huile beaucoup plus grande que les teintes pour la peinture à l'intérieur.

Quant aux apprêts et à la progression du travail, il n'y a pas de changement appréciable.

Une seule remarque à faire dès maintenant est celle concernant les peintures extérieures sur bois, *devant être recouvertes de vernis ;* pour celles-là il y a lieu de les réserver et de les traiter à part. Pour le moment, nous ne nous occuperons que des peintures ordinaires non vernies et destinées plus spécialement aux portes et fenêtres, aux persiennes, aux jalousies, etc., toutes surfaces qui n'ont de protection que par la peinture elle-même.

Nous disons donc, pour bois neufs à l'extérieur :

Égrenage à la brosse de chiendent, époussetage, car il est toujours indispensable de nettoyer convenablement tout ce qui doit être peint.

Impression ou première couche. — Ici, la base des teintes ne saurait être que le blanc de céruse. Si l'on veut de solides peintures pour le dehors, aucune autre substance ne peut remplacer cette couleur, c'est ce que nous nous sommes efforcé de démontrer dans le chapitre II déjà cité.

Dosage de la couche d'impression pour bois à l'extérieur :

```
Blanc de céruse en pâte . . . . . . . . . . . . .  1,5
Huile de lin. . . . . . . . . . . . . . . . . . .  3,5
Essence de térébenthine . . . . . . . . . . . .    1,5
Siccatif liquide . . . . . . . . . . . . . .     1/20 de la masse.
```

Ponçage et rebouchage. — Voir les opérations décrites à la page 110 concernant ces opérations.

Deuxième couche. — On doit également chercher à couvrir relativement le fond.

Blanc de céruse 2,5
Huile de lin. 2,5
Essence de térébenthine 1/5
Siccatif, comme ci-dessus.

Révision ou second rebouchage. — Voir à la page 110.

Troisième couche. — Tenue encore plus ferme que la seconde et aussi avec davantage d'huile ; l'essence n'a plus rien à y faire.

Blanc de céruse en pâte 3/5
Huile de lin. 2,5
Siccatif, comme précédemment.

Il n'y a pas lieu de pousser plus au siccatif à cette couche quoiqu'elle soit tout à l'huile, le siccatif n'est pas d'une recommandation indispensable, sa présence même est plutôt nuisible, et dans presque tous les cas, on ne doit l'employer que modérément ; les teintes ayant la céruse pour base en ont moins besoin que celles qui ont pour base les autres blancs, oxydes de zinc, sulfure de zinc, sulfate de baryte, etc., qui eux, ne possèdent pas par eux-mêmes les principes de la siccativité.

Quatrième couche. — Tout à fait inutile avec la céruse qui couvre amplement avec trois couches, à moins de cas tout à fait exceptionnels, car une céruse non couvrante est un produit falsifié, additionné de craie ou de sulfate de baryte principalement.

PEINTURES A L'EXTÉRIEUR, SUR BOISERIES, EN TRAVAIL SOIGNÉ

Les travaux de peinture extérieure sur bois, dits soignés, sont traités de façon toute différente, ils concernent à peu près exclusivement la catégorie des devantures de boutiques, des portes cochères et des portes d'entrée des maisons. C'est le genre de travail qui demande le plus de soins et le plus de temps, c'est aussi celui qui coûte le plus cher.

Les bois neufs sont égrenés, brossés et époussetés comme il a été dit d'autre part, puis imprimés selon la formule suivante :

Blanc de céruse. 1/5
Huile de lin 1,5
Essence de térébenthine 3/5
Siccatif 1/20

Comme on le voit, c'est une teinte maigre.

Pour ne pas nous répéter aux cours des explications qui vont suivre, nous prendrons comme type de ce genre de travail, une devanture neuve, c'est le meilleur exemple à donner, car il renferme toutes les opérations nécessaires à l'exécution des peintures sur boiseries à l'extérieur, en travail soigné.

Après la couche d'impression *maigre* dont nous venons de donner la formule, on procède au *ponçage*, suivi du *rebouchage*.

Ces deux opérations demandent à être faites avec le plus grand soin, elles ont une importance considérable pour la bonne marche des travaux suivants :

Pour le ponçage, il y a lieu de veiller surtout au dégorgement des moulures et de poncer celles-ci très consciencieusement, faire des angles bien nets et ne laisser aucune aspérité, renfoncer les clous qui dépassent, couper les chevilles d'assemblage, etc.

Pour le rebouchage, l'exécuter tout d'abord au mastic assez dur, un mastic trop mou a le défaut de se creuser par la suite : on ne rebouche que les principaux trous, car l'enduit fera le reste.

Enduisage. — L'enduit pour les boiseries à l'extérieur est l'enduit maigre dont il a été parlé pour l'enduisage des boiseries à l'intérieur ; sa composition est identique :

Blanc de céruse en pâte.	1/5
Essence de térébenthine.	1/5
Huile de lin	1/10
Blanc de Meudon tamisé	2/5
Siccatif	1/10

On passe l'enduit à deux fois, la repasse s'exécute presque aussitôt l'achèvement du premier coup pour qu'il y ait adhérence ; si l'on en attendait le séchage pour faire la seconde application, celle-ci ne prendrait pas, elle *roulerait* sur la première. Il ne faut jamais *charger* un enduit, c'est-à-dire vouloir *dresser* les fonds, au premier passage, la repasse est donnée à cette intention et encore ne faut-il pas se bercer d'illusion : quand des fonds ne sont pas naturellement *plans*, il ne faut pas compter sur l'enduit pour les aplanir complètement, cela ne peut se faire que par un travail plus approprié, au moyen des teintes dures qu'on exécute dans les travaux *très soignés* et dont nous parlerons à la fin de ce chapitre.

Dans les travaux simplement soignés que nous sommes en train de décrire, on peut ne pas enduire les moulures, mais la plupart du temps on leur fait subir cette opération, cela vaut toujours mieux pour le coup d'œil et la tenue du travail ; en somme c'est affaire de prix, car l'enduisage des moulures est assez coûteux.

On y procède avec l'enduit spécial qui a déjà été indiqué et dont nous répétons la formule :

Blanc de céruse en pâte	2/5
Essence de térébenthine	1/5
Huile de lin	1/10
Blanc de Meudon	1/5
Siccatif	1/10

On l'applique *à la brosse* pour bien empâter les moulures que l'on unit ensuite, sitôt sa *prise* légère, à l'aide d'une peau de chamois *mouillée* dans une eau légèrement alcalisée par une faible addition de sel de soude (vulgairement appelé *cristaux*). On lisse avec le pouce placé sous la peau fortement mouillée, en appuyant légèrement et selon la forme de la partie moulurée, il ne faut pas trop *repasser* le lissage, l'allée et la venue, c'est tout ce qu'il faut ; on abandonne au séchage.

Ici, les travaux doivent marquer un temps d'arrêt pour que les enduits puissent durcir très convenablement ; plus on attend, mieux cela vaut, ces sortes de fonds ne sont jamais trop durs.

Revision du rebouchage. — Derrière l'enduit, il reste toujours des inégalités et surtout des crottes, des pépins qu'il faut enlever préalablement et avec beaucoup de soin, à l'aide du couteau de peintre, puis on passe au rebouchage en revision avec un mastic plus mou que la première fois. On doit principalement veiller au calfeutrage des angles, dans le joint qui existe toujours entre les parties plates et les parties moulurées.

Couches de fond. — Sur les enduits bien secs et durs, parfaitement décrottés, légèrement poncés et revisés de rebouchage, on applique les couches de fond qui, pour ce genre de travail doivent être tenues *toujours maigres et minces* et dont la base n'est plus le blanc en pâte, mais une ou plusieurs couleurs, rouges, jaunes ou vertes selon la nuance que l'on veut obtenir en dernier ressort.

Matière colorante en pâte broyée à l'huile. . . .   2/5
Essence de térébenthine 3/5
Siccatif.   1/40 de la masse.

La matière colorante sera :

Pour les tons verts. — Un vert anglais assorti.

Pour les tons rouges. — Du brun Van Dyck réchauffé de vermillon ou de laque.

Pour les tons bleus. — Un bon outremer en premier lieu, et pour finir du bleu Guimet véritable.

Pour les bleus profonds. — Bleu de Prusse avec pointe de blanc et pour finir, glacis d'outremer.

Pour les bruns-jaunes. — Terre de Sienne naturelle et Sienne brûlée (une pointe) avec très peu de blanc, ou bien des mélanges d'ocre jaune, de Sienne naturelle et pointe de noir.

Pour les tons noirs. — On prépare le dessous par une première couche en gris de fer, la deuxième couche est donnée en noir d'ivoire pur, broyé à l'essence, on ajoute une pointe de vernis dans la teinte, pour fixer. Jamais d'huile.

Il est utile de faire remarquer que presque toujours dans ces tons de peinture *unie* pour les travaux extérieurs de devantures et de grandes portes d'entrée, ce sont *les nuances foncées* qui sont le plus employées ; à cela, il y a deux raisons.

D'abord les couleurs foncées sont moins salissantes, ensuite, au point de vue de la solidité, elles ont avantage sur les couleurs claires à cause de l'absence du blanc comme base, ce qui permet l'emploi des meilleurs vernis qui sont toujours foncés. Les nuances blanches ou très pâles ne pouvant être recouvertes que par des vernis blancs et ceux-ci étant loin d'avoir la soli-

dité des vernis bruns il s'ensuit que l'emploi de ces derniers
est obligatoire pour tous travaux dont le but principal est la
durée, voir à ce sujet nos explications du chapitre iv, page 41.

On donne généralement deux couches de fond, aussi minces
l'une que l'autre et dans des proportions semblables ; un léger
ponçage sur la première couche est toujours bon à pratiquer.

Vernissage. — Sur la seconde et dernière couche de fond
donnée dans la nuance définitive avec une teinte toujours très
maigre, on applique le vernis dont, pour ces travaux soignés,
deux couches sont nécessaires, la première avec un vernis coupé
d'essence, la seconde avec un vernis pur, employé sans addition
d'aucune sorte, ni essence, ni siccatif. Le choix du vernis doit
être bien raisonné, car c'est de sa double qualité résistante et
brillante que dépendra désormais tout le travail.

C'est entre le premier et le second vernissage que l'on doit de
préférence faire exécuter la peinture des lettres d'enseigne et du
filage sur les moulures que toute devanture reçoit ordinairement, cela vaut mieux que d'opérer ce travail directement sur la
dernière couche de fond, beaucoup trop délicate d'ailleurs pour
subir sans accident les attouchements du peintre de lettres et du
peintre fileur.

Il est essentiel de se rappeler aussi que cette peinture des lettres et des filets doit être exécutée avec des teintes tout à fait
maigres, autrement cela pousserait par la suite au cloquage et
au fayençage, ce qu'il importe d'éviter surtout.

Travaux similaires en décor. — **Nous** avons décrit toutes les
phases du travail concernant les peintures en tons *unis*, mais il
est de nombreux cas où les devantures et les grandes portes sont
traitées en décor, par des imitations de faux-bois.

Dans ces cas, tous les premiers apprêts subsistent, et s'exécutent tels quels, jusques et y compris les couches de fond, dont
seulement la composition de nuance est modifiée et mise en rapport du fond pour la couleur nécessaire au décor à exécuter :

Jaune plus ou moins foncé pour les variétés de chênes ;

Gris-jaune plus ou moins chaud pour les diverses imitations de
noyer ;

Jaune très chaud pour le tuya, le teck et les racines d'orme, d'amboème, etc. ;

Rouge-jaune pour l'acajou ;

Rouge d'ocre pour le palissandre.

Toutes ces couches de fonds comportant des teintes où le blanc doit figurer (sauf la dernière) ; elles seront fatalement un peu plus grasses que les teintes préparées pour les couches de fonds unis, c'est pourquoi on aura soin de les détremper uniquement à l'essence sans addition d'huile, il s'en trouve toujours assez dans le blanc en pâte et dans les couleurs broyées dont on a besoin pour arriver aux tons voulus. Et d'ailleurs il y a lieu de ne pas graisser ces fonds, d'autant plus que les teintes pour les glacis du décor des bois à l'huile ne peuvent pas être composées sans huile, car si on les tenait trop maigres, à l'essence sale, on ne pourrait y exécuter le travail d'imitation des veines du bois, c'est le cas pour le chêne, le noyer, le palissandre, le teck. Mais. lorsque ce sont des bois pouvant être imités *dans un glacis à l'eau*, aucun inconvénient n'est à redouter, car le glacis à l'eau préservera plutôt du cloquage, contrairement aux glacis à l'huilé dont la composition même y pousse fatalement. C'est pourquoi il est utile de veiller à ce que le spécialiste peintre en décor se tienne dans un juste milieu en ne mettant de l'huile qui ce qui est strictement nécessaire pour le glissement des outils et le fondu du veinage.

Pour parer dans la mesure du possible à l'accident probable du cloquage *lorsqu'on a fait des bois à l'huile*, c'est de laisser sécher le travail de décor assez longtemps (une bonne semaine en été pour favoriser et laisser se produire l'évaporation de l'huile, cause première de tout cloquage des peintures, car c'est cette évaporation que rien ne peut empêcher ni retenir qui soulève la pellicule protectrice du vernis, le fait se distendre et céder par places en formant ces poches dont aucun remède ne peut plus cacher les ravages.

Le vernissage final s'opère sur ces travaux de décor de la même façon que sur les peintures en tons unis, par les mêmes moyens et avec les mêmes attentions.

TRAVAUX SIMILAIRES EN PEINTURE UNIE, TRÈS SOIGNÉS, DITS POLIS OU TRAVAUX DE LUXE

Tout ce que nous venons de voir constitue le travail soigné, convenable et fort solide, mais il y a mieux encore, tant au point de vue de la beauté que de la solidité. Ce sont les peintures traitées à la manière de la voiture et connues sous le nom de *travaux polis*.

Tous les apprêts jusqu'au premier rebouchage sont les mêmes que ceux indiqués précédemment en exceptant toutefois le ponçage.

Sur la couche d'impression et après rebouchage sommaire on ne passe pas d'enduit, mais on applique des couches successives de teintes spéciales appelées teintes dures, qui formeront par leur nombre (de 4 à 8) et par leur superposition, un fond de bonne épaisseur remplaçant celle de l'enduit et ayant sur celui-ci l'immense avantage de la parfaite cohésion et d'une dureté incomparable qui permet alors d'exécuter des ponçages à la pierre et à l'eau comme dans les travaux de la voiture et d'obtenir des résultats identiques comme dressage des fonds et polissages définitifs ultérieurs.

Les teintes dures sont données successivement, l'une sur l'autre dès que la couche précédente est sèche, il est de bonne pratique de *croiser* chaque couche dans un sens différent, l'une en long, l'autre en travers, ainsi de suite pendant les 4, 5, 6, ou 7 couches que l'on peut donner, mais il en faut quatre au moins.

La composition de la teinte dure reste la même pour toutes les couches d'application.

Voici la formule d'une teinte dure susceptible d'être poncée à la pierre factice :

Ocre rouge en poudre.	⎫ 2 5 l'ocre jaune dominant.
Ocre jaune —	⎭
Céruse en pâte.	1/10
Pierre ponce en poudre.	1/10
Essence de térébenthine.	1/5
Huile de lin	1,10
Vernis à teinte.	1,10

Dans le cas où la teinte se trouve trop forte pour être étendue facilement, on ne doit la liquider qu'à l'essence seule, de toute manière, ces sortes de teintes dures doivent être employées plutôt fortes, car il s'agit de garnir et de couvrir convenablement tous les fonds.

On peut, pour simplifier le travail, ne pas coucher les moulures qui dans ce cas seront ultérieurement poncées avec soin au papier de verre et on les reprendra en cours d'apprêt au moment des couches de fond. Mais, quand on ne veut pas lésiner on passe les couches de teinte dure, partout, sur les plats et les moulures, le travail est ainsi complet et sera parfait.

Ponçage à l'eau. — Avant d'attaquer cette très sérieuse opération il est de bonne utilité de passer une couche supplémentaire dite de *guide* afin d'avoir plus de facilité au ponçage ; le guide s'opère avec une teinte également maigre et de *couleur* ou *de ton tout différent* que celui de la teinte dure. Ainsi, sur une teinte habituellement jaunâtre, on passe une couche de guide de ton rougeâtre.

Par ce moyen, quand on fait le ponçage à l'eau avec des pierres factices, on peut suivre aisément les progrès du travail et l'on frotte aussi longtemps qu'il reste du ton rouge apparent.

Le ponçage à l'eau demande un certain tour de main, on doit avant tout bien mouiller les surfaces à l'éponge pour ne jamais frotter à sec. Il faut veiller avec une grande attention à ne pas dépouiller les vives arêtes des boiseries, cela constitue un inconvénient sinon irréparable, du moins très préjudiciable pour la suite des travaux. On opère le ponçage à l'eau et à la pierre en frottant régulièrement et autant que possible toujours dans le sens longitudinal de la surface ; ne jamais frotter *en tournant*, c'est une mauvaise manière. Les coups doivent être donnés de façon assez large, c'est-à-dire qu'il faut *étendre* le coup de pierre de tout le mouvement de flexion d'avant-bras et non le restreindre au seul développement du poignet.

On tient l'éponge toujours imbibée, dans une main et la pierre dans l'autre main, pour pouvoir mouiller et frotter alternativement.

Tant qu'il reste de la teinte de guide apparente, il faut poncer ; les places ou cette teinte demeure indiquent un creux, une inégalité de niveau que l'on doit rattraper, c'est ce qu'on appelle *dresser* le fond. Quand la couleur jaune des couches de teinte dure est revenue partout, qu'il n'existe plus de guide nulle part sauf dans de *très minces fissures* (car il ne faut pas poncer à outrance et atteindre trop à fond) on peut considérer le dressage comme terminé.

Les surfaces sont alors très convenablement lavées à l'eau propre pour enlever la boue produite par le ponçage et tout grain possible afin d'avoir un dessus parfaitement lisse. Quant aux fissures qu'on n'a pu rattraper, ainsi que les autres défauts s'il s'en trouve, on les rebouchera sur la première couche de fond qui va suivre, une fois sèche, et au mastic à l'huile. Ces défauts s'aperçoivent d'ailleurs beaucoup mieux dès que cette couche préparatoire en vrai fond a été appliquée.

Couches de fond. — On passe ensuite aux couches de fond traitées dans les formules indiquées précédemment pour les travaux soignés, c'est-à-dire très maigres et très fluides, mieux vaut passer trois couches minces que deux d'épaisseur moyenne, cela pour éviter le côtelage probable. Les couches de fond à donner dans ces travaux sur ponçage à l'eau en apprêts de poli ne doivent être en quelque sorte que des jus, des glacis uniquement composés pour donner le ton voulu et non pour former couverture, la solidité de ces travaux n'est pas leur fait, elle réside tout entière dans la superposition des couches de teinte dure, du ponçage qu'elles ont subi et surtout dans les couches ultérieures de vernis qui viendront parfaire le tout, et donner la résistance finale.

Vernissage. — On passe un premier vernissage avec du vernis dit *à polir*, généralement le vernis Flatting, il faut vernir grassement et non pas *en tirant* comme il est d'usage dans le vernissage ordinaire des travaux de bâtiment, on empâte à la brosse, on croise, on lisse et quelques minutes après, on *remonte* le vernis en lissant à nouveau, mais *de bas en haut* suivant la manière des peintres de voiture dont il faut employer les méthodes dans toutes les opérations de ces travaux très spéciaux.

Polissage. — On peut polir le vernis dès le lendemain, par température moyenne, en tout cas, il ne faut pas attendre que le séchage soit trop accentué car sur un vernis trop dur, le polissage est illusoire.

Le polissage s'exécute à l'aide de la poudre de ponce très fine ne contenant aucun grain siliceux qui ferait rayer ; on prend un morceau de drap solide, grand comme la main, on le ploie en quatre, et après l'avoir humecté d'eau on l'appuie sur la ponce en poudre placée dans un plat quelconque à ses côtés, on mouille d'abord la surface, de l'autre main, avec l'éponge, et on frotte avec le drap en commençant par étendre la ponce, sans trop appuyer. On doit frotter en appuyant très légèrement pour commencer afin d'écraser la poudre et la bien mélanger à l'eau sur la surface à polir ; on appuie ensuite progressivement. De même que pour le ponçage, il faut avoir toujours l'éponge dans une main pour mouiller constamment et laver la place pour suivre l'opération. on ne doit jamais polir à sec, c'est une recommandation qu'il faut ne pas perdre de vue.

La manière la plus rationnelle de polir un vernis c'est de frotter le drap recouvert de ponce, *en tournant*, cela vaut beaucoup mieux que de polir uniquement en long, puis en large et empêche d'avoir ainsi des irrégularités. Le polissage des parties moulurées s'exécute à la brosse mouillée et à la ponce également, la brosse remplace le drap.

Second vernissage. — Sur le polissage une fois bien sec, après qu'il a été lavé à l'eau propre très consciencieusement pour en enlever la boue ou farine de ponce et pour qu'il ne reste aucune granulation, on applique une seconde couche de vernis dit *à caisse* plus fin et plus résistant que le Flatting.

Ce second vernis sera également poli au drap et à la ponce, comme il vient d'être dit. Il va sans dire que les moulures et les arêtes doivent être particulièrement surveillées aux polissages pour qu'elles ne se dépouillent pas, c'est une condition essentielle à la bonne exécution du travail. Si ce malheur arrivait, il faudrait après le polissage et avant la finission, ramender, raccorder ces parties avec la teinte de fond à l'aide d'un pinceau doux, jamais avec une brosse en soies si petite soit-elle, les soies sont trop dures et produisent des raies ou des côtes ; il faut raccorder comme nous l'indiquons, avec un pinceau en poil, martre, blaireau ou simplement en plume.

Finission. — La finission comporte l'application de la dernière couche de vernis de qualité toute supérieure en finesse et en solidité. On désigne cette sorte sous le nom de *vernis à finir*.

La couche est passée grassement, bien travaillée en croisant puis en lissant sans exagération ; on laisse alors le vernis se tendre un peu, puis on *le relève ou remonte* en lissant *de bas en haut*. Il faut opérer avec hardiesse sans trop de précipitation, ces qualités de vernis ont un moelleux spécial qui permet de bien les étendre ; ils se laissent travailler facilement en l'espace de dix à vingt minutes puis *ils prennent*, se tendent tout à fait et ne bougent plus.

Lustrage. — Le lustrage consiste en deux opérations, d'abord un polissage *très léger*, également fait au drap et à la ponce, mais *en mouillant beaucoup plus ;* on lave, on essuie à la peau de chamois puis on lustre au foulard après avoir saupoudré très faible ment la surface avec de la terre pourrie qui par le frottement redonne au vernis un demi-brillant très doux relevant tout le travail et lui communiquant cette profondeur particulière d'où il tire sa supérieure beauté.

POLIS NOIRS

Ce que nous venons de voir est également applicable à tous les travaux polis en général, mais de nuances foncées, tels que les tons brun rouge, brun jaune, les gros verts et les gros bleus. Pour les noirs purs il y a lieu de signaler une modification qui est importante.

Sur la deuxième couche de fond qui sera composé de noir d'ivoire broyé à l'essence liquidée avec du vernis Flatting et un peu de siccatif on passera une couche de vernis noir dit Japon que l'on prendra de toute première qualité, car dans le commerce il se trouve beaucoup de mauvais Japon qui poussent au vert, ne durcissent pas et ne peuvent supporter le polissage. Le bon vernis Japon a un reflet brunâtre mais, appliqué sur un fond noir, il lui donne une très grande profondeur de ton.

Après polissage, on vernit en dernier ressort avec le vernis à caisse dit aussi *vernis à glacer* ou vernis à finir.

POLIS BLANCS OU DE NUANCES CLAIRES

Les travaux polis s'exécutent aussi en tons clairs mais beaucoup moins souvent qu'en nuances foncées. Dans ce cas, il faut apporter dans les opérations quelques changements sérieux :

C'est qu'en effet, il y a lieu de faire remarquer que l'application de plusieurs couches des vernis bruns utilisés pour ces travaux détruirait toute la fraîcheur des tons blancs, crème, roses ou jaune pâle qui en seraient recouverts.

Pour remédier à cet inconvénient on fait les couches de fond avec des teintes au vernis, appliquées l'une sur l'autre comme d'habitude, et on accomplit le polissage directement sur ces couches faites avec des vernis pâles et du blanc de zinc comme base de la coloration ainsi qu'il a été dit au chapitre V en parlant des peintures vernissées et des *peintures au vernis.*

Après le premier polissage, on donne une couche de vernis légèrement coupé, pour arrêter les couches de fond, on polit à nouveau et la finission se continue par les moyens déjà décrits[1].

REMARQUES IMPORTANTES CONCERNANT TOUS LES TRAVAUX POLIS

Quand sur les tons unis doit venir une décoration quelconque, filage de couleur, lettres d'enseigne, on devra l'exécuter sur le premier polissage une fois terminé, de manière à ce que tout le décor soit recouvert par le vernissage final et poli avec lui.

Pour avoir de belles nuances unies, il faut procéder aux couches de fond *par le moyen des glacis.*

Sur la première couche de fond donnée *dans un ton approchant* du ton définitif on recouche par une teinte de la vraie nuance et la troisième couche est donnée par glacis de même nature mais de ton plus fin :

Ainsi, pour avoir un beau bleu profond on fera la deuxième couche en bleu de Prusse (peu de bleu) broyé à l'huile en pâte, *délayé à l'essence* et additionné d'une pointe de siccatif.

---

[1] Avec les peintures vernissées dont l'usage est si répandu à présent, on pourrait peut-être simplifier le travail des polis ou des tons clairs en employant ces peintures *à usage d'extérieur,* directement sur les couches de fond, les bonnes peintures vernissées se polissent très bien et par les moyens habituels.

La troisième couche sera un glacis fait de bleu Guimet pur, préparé comme ci-dessus ; on doit glacer au moins deux fois ; avec un plus grand nombre de glacis on obtient un bleu de plus en plus profond.

Les tons en brun rouge s'obtiennent par une couche de brun Van Dyck glacé ensuite de laque rouge, ou, par une couche de ce brun mélangé de vermillon, puis glacé de laque également et à plusieurs fois.

Les tons en jaune clair pourraient être glacés de laque jaune ou bien avec glacis de jaune indien.

Les tons en jaune foncé, glacés avec de la Sienne naturelle réchauffée par mélange de laque rouge.

Les tons bleu clair s'obtiennent par des couches de fond en blanc, glacées plusieurs fois ensuite avec glacis de bleu d'outre-mer.

Les tons en rose pâle par des couches de blanc glacées plusieurs fois de laque rouge ou laque brune.

Les tons vert clair par des dessous ou couches de fond, jaunes, glacées de bleu en nombre de fois nécessaire pour obtenir le ton cherché.

Les tons en vert foncé par des couches de fond jaune soutenu, glacé de bleu de Prusse ou par des dessous vert foncé glacé plusieurs fois de vert Guignet ou vert émeraude.

Nous croyons avoir épuisé toutes les explications techniques et pratiques concernant ces beaux et solides travaux, véritables peintures de luxe qui ne sont plus guère exécutées à notre époque où le goût des belles choses est si rare. Il est à souhaiter que ce goût renaisse enfin, et que la très belle peinture sorte enfin du marasme dans lequel elle est plongée depuis si longtemps. C'est notre vœu le plus sincère et notre plus cher espoir.

Nous terminerons ce chapitre par une observation de toute utilité :

Quoique les explications que nous venons de détailler avec un soin particulièrement minutieux se trouvent placées dans la catégorie des travaux à l'extérieur, elles *s'appliquent* néanmoins dans tous leurs développements, *aux travaux polis de l'intérieur ;* il n'y a pas deux façons de procéder, la seule différence dans ce cas consisterait à faire les apprêts par enduisage comme il a été dit à l'article des peintures soignées sur boiseries, à l'intérieur cela vaut mieux que de les faire par teintes dures superposées en permettant d'éviter le ponçage à l'eau et à la pierre qui salirait beaucoup trop les appartements où il serait exécuté. Quant au reste des opérations, elles demeurent absolument les mêmes.

Il est vrai qu'aujourd'hui, avec la grande vogue des peintures vernissées, Ripolin, Bengaline, Pastorine, qui toutes se valent, les travaux polis d'intérieur n'ont guère de raison d'être ; on peut en effet obtenir de beaux polis ou de beaux laqués avec les produits dits vernissés quand ils sont maniés par des mains habiles.

PEINTURE SUR LES PLATRES A L'EXTÉRIEUR

Sur les plâtres à l'extérieur, et en général sur tous mortiers, plafonnages, enduits, placés dans ces conditions, il faut une peinture de composition grasse pour qu'elle soit de solidité voulue et nécessaire quant aux services qu'on attend d'elle.

Les plâtres doivent recevoir au moins trois couches ; quand on peut leur en donner une quatrième, cela est encore mieux, mais trois couches, appliquées normalement, suffisent pour obtenir une peinture de résistance convenable qui peut cependant aller sept à huit ans sans être refaite ; toutefois ceci n'est qu'une moyenne, car on doit évidemment tenir compte de l'exposition plus ou moins favorable ; trois couches peuvent très bien, dans certains cas, résister dix, douze ou même quinze ans, tandis qu'elles ne dépasseront pas six ans dans certains autres. Mais, en général, quand une peinture sur plâtre ou sur mortier enduit, ou sur tout autre subjectil semblablement poreux, a fait huit ans, elle a rempli sa tâche et demande à être remplacée sous peine de détérioration grave du plâtre ou des enduits. Voici pour ce que nous venons de dire les indications les plus conformes.

Première couche : 3/4 d'huile pour 1/4 d'essence, la teinte tenue très fluide.

Deuxième couche : 1/2 huile et 1/2 essence, la teinte tenue un peu plus ferme.

Troisième couche : tout à l'huile, la teinte tenue ferme.

Quand on opère sur de vieux plâtres, il y a lieu de passer le grattoir un peu partout, et de vérifier la nature des crevasses qui ne manquent jamais d'exister ; toutes celles qui sont ouvertes, franchement béantes, doivent être rebouchées d'abord au plâtre, mais non au plâtre noyé ou plâtre mort, qui, s'il est plus facile à employer qu'un plâtre normalement gâché, ne rebouchera les crevasses que pour un temps très court et les fentes réapparaîtront derrière le peintre ; on doit employer un plâtre gâché normalement pour avoir une *prise* assez rapide.

Il est de toute importance que cette réparation soit faite avec conscience et surtout avec compétence, car tous les peintres ne sont pas aussi aptes les uns que les autres à l'emploi du plâtre.

On rebouche les grosses crevasses par deux fois, de même que les gros trous ; il doit toujours y avoir excès de plâtre, on gratte ensuite cet excès avec le grattoir ou le large couteau afin d'égaliser les raccords du rebouchage ; avant de les imprimer on laisse sécher plusieurs jours.

On donne les impressions partielles, puis on poursuit le travail selon les principes et les conditions ordinaires.

Si, au début du travail, on rencontrait des crevasses sonnant le creux trop fortement, il y aurait lieu d'aviser le maçon qui viendra les sonder et devra faire personnellement leur réparation le cas échéant ; en principe, le peintre ne doit reboucher que les fissures, les gerçures, mais dès qu'il y a crevasse réelle, c'est l'affaire du maçon, plus compétent et mieux outillé.

PEINTURES SUR FER ET TOUTES PARTIES MÉTALLIQUES

Le fer, par sa contexture très différente des autres matériaux de la construction, demande un traitement particulier pour la peinture qui lui est propre.

On l'imprime (en première couche) avec une teinte au minium de plomb, qui seul a la propriété de retarder son oxydation en interposant le résultat de sa combinaison chimique entre le métal et l'atteinte des intempéries ; il couvre le fer d'un enduit corné, incassable et inattaquable par les causes extérieures.

Mais, ainsi que nous l'avons déjà dit dans nos explications théoriques de la première partie, pour que le minium puisse donner tous ses effets protecteurs, il doit se trouver en contact direct avec le fer ; s'il y a la moindre interposition de rouille ou autre matière étrangère, l'action protectrice de la peinture n'existe pas, car le phénomène de la combinaison puis de la réaction chimique ne peut se produire.

Il faut donc que le fer à l'état de neuf soit convenablement nettoyé, épousseté et brossé, puis peint aussitôt.

Or, on peut affirmer que cette précaution n'est jamais prise, tout au moins de façon sérieuse, et l'on passe la couche de minium par-dessus la rouille, sans aucun souci ; à ce compte-là, n'importe quelle autre couleur serait tout aussi efficace, et il est alors bien inutile d'imprimer spécialement avec du minium.

Le fer est d'ailleurs, de tous les matériaux, celui qui est le moins bien partagé au point de vue de la peinture, il est presque sacrifié ; on le barbouille bien plus qu'on ne le peint : cela commence par la couche d'impression donnée la plupart du temps par les serruriers eux-mêmes qui ne voient dans cette opération qu'un simple barbouillage de rouge et pour qui la teinte peut être indifféremment grasse ou maigre, et plutôt claire que forte. Pour plus de facilité à l'étendre, cette impression est passée à la diable, pleine de manques de touches et ne constitue guère qu'un jus ou une teinture, mais non une couche de peinture.

Les fers (balcons, grilles, etc.), arrivent au bâtiment dans ce malheureux état, et rarement, très rarement, le peintre est appelé à leur donner une seconde couche de même couleur, ce qui serait pourtant nécessaire car, avec le peintre, au moins, le travail serait mieux fait, le fer entièrement couvert de minium pourrait beaucoup mieux braver l'oxydation, mais les choses ne vont pas ainsi : on peint à la hâte sur cette mauvaise teinture de minium, avec les couches de teintes définitives et tout est dit!! et l'on s'étonne ensuite que la pierre blanche des balcons vienne à rouiller par l'écoulement de l'eau qui passe sur les fers qu'elle supporte ; et parbleu ces fers sont oxydés quelques mois seulement après leur pose, par suite du manque de minium. De tous les métaux, le fer est celui qui s'oxyde le plus facilement et le plus gravement, on devrait donc le préserver avec plus de sollicitude que tout le reste.

En outre de la couche d'impression si importante, le fer peut et doit être recouvert de peintures très tenaces, par des teintes à l'huile grasse ou à l'huile cuite qui sont plus élastiques que les teintes au vernis.

Les parties métalliques dans les habitations sont celles qui demandent le plus de soins préservateurs car ils sont constamment guettés par la rouille et assaillis sans cesse par cette oxydation désagrégeante presque aussi implacable dans ses ravages que l'est l'humidité elle-même.

Quant aux autres métaux, cuivre, zinc, plomb, il n'y a pas lieu de s'y arrêter bien longtemps.

Le cuivre est fort peu employé dans le bâtiment, à part la robinetterie.

Le zinc, placé à l'extérieur, est bien rarement en condition d'être peint, sauf quelques bavettes, gouttières et chenaux que l'on doit perdre dans la couleur des façades. Le zinc fait éclater la peinture qu'il dessèche très vite, il faut le décaper préalablement par une morsure à l'esprit de sel, ou acide muriatique.

Le plomb n'a pas besoin d'être protégé puisque c'est de lui-même qu'est faite la peinture la plus protectrice ; toutefois, quand il y a nécessité de le perdre dans la coloration environnante, il n'y a aucun inconvénient à le recouvrir de peinture.

CHAPITRE VIII

PEINTURE DITE : EN DÉCOR

IMITATION DES BOIS ET DES MARBRES NATURELS

L'exécution des faux bois et marbres a depuis longtemps créé dans la profession de peintre une spécialité importante, car elle prend une place considérable dans les travaux, tant par sa nature artistique que par la réelle valeur de ses praticiens.

La peinture en décor est, en effet, le complément indispensable de toute entreprise de peinture dont elle rehausse l'allure en même temps qu'elle rompt très heureusement la monotonie des teintes plates ou peintures unies.

De nos jours, cependant, la peinture en décor est bien délaissée, elle subit l'ostracisme qui s'attache depuis des années, à toutes les belles choses comme à tout ce qui est relativement coûteux.

La mode a changé, dit-on. C'est plutôt l'engouement irréfléchi pour un certain snobisme sévissant partout, que l'on doit accuser. Les travaux en décor déclinent, la spécialité se meurt et les bonnes mains deviennent de plus en plus rares, voilà ce qui est incontestable. Mais, on y reviendra ; cette partie de la peinture ne sera jamais complètement perdue, car elle a sa raison d'être et des motifs trop sérieux pour qu'elle périsse jamais. Elle n'est pas née d'un caprice d'architecte ni d'une fantaisie de propriétaire. Son principe découle de la logique même, car, imiter sur des matériaux frustes, les beaux bois et les marbres riches, c'est manifester, de façon très sincère et très normale, le goût artistique inné chez l'homme, aimant par-dessus tout à reposer ses yeux sur les belles productions de la nature qu'il a d'ailleurs toujours cherché à imiter puis à interpréter pour son agrément personnel et selon ses sentiments propres.

Il faut avouer aussi que l'état de délaissement dans lequel se trouve *le décor* est dû en partie aux peintres en décor eux-mêmes parce qu'ils ont peu à peu négligé les bonnes conditions du travail, ils n'ont pas su résister aux sollicitations du rabais à outrance dont ils ont voulu enrayer les conséquences à leur seul point de vue personnel, par une production toujours grandissante. Là, où 20 mètres de décor leur rendait autrefois une bonne journée, il en faut aujourd'hui 30 ou 40 pour une journée moindre ; l'abandon des bons principes et la surproduction journalière n'a donc été que préjudiciable à leurs intérêts ; cela ne les a pas sauvés de la décadence professionnelle si malheureusement regrettable à tous égards.

Nous allons passer ici en revue les principes réels de la décoration du bâtiment par l'imitation des bois et des marbres, tels qu'on les appliquait à l'époque florissante de leur vogue et tels que les maîtres d'alors nous les ont transmis.

Il y a encore, certes, de très habiles praticiens, de très bons peintres en décor, mais ils sont le très petit nombre et chaque année en voit disparaître parmi les meilleurs, soit qu'ils abandonnent avec tristesse une spécialité qu'on n'apprécie plus à sa valeur et qui ne les nourrit que fort difficilement, soit qu'ayant achevé leur rôle ici-bas, et lutté jusqu'au bout, ils s'en aillent par delà la tombe rejoindre leurs aînés.

TECHNIQUE DE L'EXÉCUTION DES FAUX-BOIS

Nous ne pouvons ici donner que des indications générales et assez sommaires ; le cadre de cet ouvrage ne nous permet pas d'avoir de plus grandes prétentions.

Deux procédés sont employés pour l'imitation des bois naturels, le procédé *à l'eau* et le procédé *à l'huile*, mais c'est toujours, et de façon exclusive en opérant *dans un glacis fraîchement appliqué* sur un fond *ad hoc*, parfaitement apprêté et bien sec.

Le procédé à l'eau a pour lui l'avantage de la transparence qui est une condition *sine qua non* d'une belle imitation, mais il a l'inconvénient de sécher trop vite et d'obliger à un travail hâtif souvent préjudiciable à toute belle exécution ; on ne l'utilise donc que pour les bois dont l'imitation peut se faire très rapidement, les autres bois sont traités au procédé à l'huile qui, séchant bien moins vite, permet une exécution plus lente. Dans certains cas, on utilise les deux manières, reglaçant à l'huile les bois à l'eau et reglaçant à l'eau les bois à l'huile et cela, pour créer des transparences qu'il est impossibles à rendre du premier coup, ou pour superposer efficacement un nouveau travail sur le précédent, afin de pouvoir donner toute l'illusion possible du bois naturel.

IMITATION DU CHÊNE

Parmi les bois les plus fréquemment imités, se place en tout premier lieu le chêne, que l'on imite selon ses différents âges, jeune, moyen et vieux. A chaque âge correspond une teinte particulière et un glacis approprié, quant au travail d'imitation en lui-même, il est exactement semblable, sauf dans quelques imitations du *très vieux* chêne dont on fait les mailles ou veines avec un ton plus foncé, par-dessus le glacis et tout le reste du travail, contrairement à l'habitude de dépouiller les veines *en plus clair* sur le glacis pour faire apparaître le fond.

Ton du fond pour chêne jeune et moyen :

Blanc et ocre jaune, cette dernière couleur en proportion plus ou moins grande suivant l'âge à imiter ou les besoins de l'harmonie.

Le fond une fois bien sec est poncé avec soin au papier de verre fin, on époussète et l'on procède au glacis dont voici la composition :

Glacis à l'huile. — Terre de Sienne naturelle seule, pour jeune chêne, sienne naturelle et pointe de terre d'ombre pour le chêne d'âge moyen.

Sienne naturelle et terre d'ombre brûlée en proportions égales pour le vieux chêne. Comme liquide : huile et essence, avec un peu de siccatif ; l'huile devra dominer légèrement sur l'essence. Ajouter dans ce glacis une poignée de blanc d'Espagne tamisé *pour empêcher de couler*. Ne pas oublier que le mot glacis signifie teinte *très fluide* et *transparente*.

Passer la teinte de glacis, *à sec* avec une brosse assez rude, pour le moins *bien faite* par un usage assez long. On doit égaliser convenablement, puis on passe à l'opération du *peignage* qui s'exécute à l'aide de peignes en cuir, d'abord, puis aux peignes d'acier pour finir, mais après avoir préalablement à tout travail du peigne, passé sur le glacis un chiffonnage à la toile spéciale ou étamine ; ce chiffonnage a pour but d'ébaucher l'allure générale en donnant le mouvement que le peignage doit suivre ensuite et parfaire de façon plus nette et plus propre, car dans l'opération du peignage on doit observer de ne jamais contrarier le sens de l'ébauche à l'étamine, il faut marcher exclusivement dans ses traces pour faire *propre* avant tout.

Le peignage une fois opéré, on procède au maillage, camelotage ou veinage très particulier de ce bois. La maille ou camelot du chêne se fait toujours *en travers* du peignage dont elle coupe les lignes ; les mailles suivent une impulsion giratoire et semblent converger vers un centre plus ou moins éloigné ; tout un ensemble de mailles devra donc indiquer ce mouvement, sous peine de paraître décousu, ce qu'il faut principalement éviter. On exécute le maillage à l'aide de l'ongle du pouce recouvert d'une lamelle de drap souple avec lequel on essuie le glacis par frottement net et sec en présentant l'ongle tantôt sur le côté, tantôt sur le plat et à revers ; la position variable de l'ongle est tout le secret de la variété des formes de la maille.

Conjointement avec la maille, le nœud de chêne forme le veinage de ce bois mouvementé quoique d'aspect fort tranquille ; le nœud *ou ronce* s'exécute également au pouce recouvert de drap, mais au lieu de faire des essayages secs, nets et brefs comme pour la maille, on dessine positivement cette ronce par frottement rapide, successif et continu pour former l'enroulement du nœud autour d'un centre de départ. Ce centre ou point de départ de la ronce est tantôt apparent, tantôt soupçonné, c'est-à-dire qu'on l'indique au regard ou qu'on le suppose éloigné, selon que l'on veut développer cette ronce dès son début ou seulement la présenter dans une autre phase de son développement.

Après le peignage, le maillage et le dessin des nœuds, on abandonne le travail pour le laisser sécher, puis on revient *pour glacer*.

On prend, à cet effet, le dessus du glacis qui a servi précédemment et on passe une couche mince sur le tout, ou bien on opère avec un glacis à l'eau composé des mêmes couleurs broyées à l'eau gommée. Sur ce second glacis, on passe la veinette de haut en bas sur les parties de mailles seules, de façon à ce qu'elles se trouvent rayées légèrement de longues veines peu apparentes : quant aux parties de ronces ou de nœuds on les glace en plein également et l'on plaque des *effets* avec le spalter pour former le miroitement particulier à tous les nœuds de bois. Il reste ensuite à vernir le tout.

IMITATION DU NOYER

Le ton de fond pour le noyer est sensiblement le même que celui du fond de chêne, mais il est, de façon générale plus soutenu, plus jaune ou plus gris selon le genre de noyer que l'on veut reproduire.

Pour le glacis, il en est de même, c'est un glacis à l'huile, de même composition que celui du chêne, mais plus soutenu eu égard au fond préparé.

Dans la couche de glacis, bien étalée sur le fond, on passe également la toile d'étamine pour ébaucher le sens des veines de ce bois ; l'ébauche peut se faire aussi par veinage direct au pinceau à deux mèches avec lequel on dessine les nœuds que l'on reprend ensuite par un repiqué à la petite brosse pour faire les finesses.

Dans l'exécution du noyer, on emploie la palette sur laquelle on place de la terre d'ombre, de la Sienne naturelle, de la terre de Cassel et un peu de noir qui doivent servir au dessin de toutes les parties noueuses.

On passe tout le travail au blaireau à bois pour adoucir et on laisse sécher.

Ensuite, on reglace de même manière qu'il a été dit pour le chêne et l'on fait de nombreux spaltés pour déterminer les effets de moiré ; les spaltés s'exécutent toujours en travers de l'allure générale des nœuds et des veines du bois, on ménage tous les nœuds, dans leur partie centrale tout au moins.

IMITATION DU PALISSANDRE

Comme fond, c'est de l'ocre rouge toute pure et comme glacis,
de la terre de Sienne brûlée avec une pointe de terre de Cassel
ou encore, le mélange de l'une de ces terres avec de la laque
rouge.

On emploie indistinctement le glacis à l'eau et le glacis à
l'huile ; ce dernier est cependant préférable, mais certains spécialistes emploient l'un et l'autre alternativement ; leur système
est très pratique. On glace à l'eau d'abord et l'on passe à la veinette pour déterminer une sorte de peignage en longueur sur un
côté des planches ; l'autre côté est réservé comme glacis et comme
travail.

Quand toutes les parties de grandes veines sont ainsi faites,
on laisse sécher, puis on reglace le tout *par glacis à l'huile* dans
lequel on vient dessiner au crayon Conté, les nœuds du bois,
nœuds très compliqués et enchevêtrés, d'apparence presque inextricable, se contrariant, se coupant même dans leurs parcours
respectifs.

Le palissandre est ensuite glacé à nouveau avec de la laque
pure, *à l'eau* gommée puis blaireauté pour finir ; on doit le vernir
aussitôt sec pour fixer la laque qui est excessivement fugitive.

Le nœud de palissandre est très difficile à dessiner, il demande
des études préalables que l'on doit beaucoup surveiller avant de
se lancer pour en entreprendre la reproduction.

IMITATION DE L'ACAJOU

Le fond d'acajou se prépare par une teinte composée en égales
parties d'ocre rouge et d'ocre jaune avec une pointe de blanc ; le
jaune doit être plutôt en excès.

Le glacis : terre de Sienne brûlée et laque rouge broyée *à l'eau*
gommée.

Pour l'acajou simple, dit *moiré*, on passe le glacis bien étendu
et adouci au blaireau, puis on fait des enlevées transversales avec
le spalter après avoir ébauché longitudinalement par des traînées
à l'éponge mouillée, on fait le spalté *par places* seulement pour

ne pas abuser des effets, on blaireaute en travers du sens et on laisse sécher.

On vient ensuite reglacer avec un jus de laque pure que l'on fouette dans le frais à l'aide de la queue à battre, sorte de veinette aux soies très longues ; le fouettage donne le grain et cela produit le meilleur effet. Comme pour tous les bois à l'eau ou reglacés à l'eau, on doit ne pas retarder le vernissage et l'opérer

Fig. 11. — Ballon pour décor faux-bois.

sitôt que le séchage est suffisant, celà autant pour éviter tout accident que pour fixer les glacis de couleurs très fragiles.

Pour l'acajou dit *gerbé*, on glace en plein comme il a été dit, mais en *chargeant* les milieux de panneaux où doit s'élever la gerbe que l'on dessine dans cette partie de glacis plus épais, au moyen d'une éponge imbibée d'eau ; sur cette ébauche on roule par places et dans le travers des veines, l'outil spécial appelé *ballon*, mouillé préalablement, puis on donne quelques moirés au spalter et on adoucit le tout dans le sens opposé au veinage.

Le reglaçage se fait très clair de ton, et l'on y passe la veinette dans le sens du dessin de la gerbe, comme si on dessinait une ronce quelconque.

Pour l'acajou dit *moucheté*, le plus beau de tous, on commence par fouetter le glacis avec la queue à battre et l'on fait quelques enlevées au spalter, relativement serrées, un peu à la manière de l'érable, on adoucit le tout et l'on place les nœuds par petites tâches rondes, avec une brosse de petite grosseur en prenant à cet effet le fond plus épais du glacis. On adoucit tous les nœuds pour les étendre quelque peu dans le travail précédent et déformer leur sentiment de rondeur trop uniforme puis on y pratique une petite enlevée centrale soit avec le revers de l'ongle, soit avec un bout des lanières du *ballon;* on blaireaute ensuite dans le travers pour enlever la crudité de ces éclaircies.

On reglace en plus foncé, on passe la veinette en épousant le ressaut des nœuds et des spaltés sous lesquels on ramène la teinte, l'opération est finie.

Vernir sitôt séchage.

Cet acajou moucheté est d'un effet décoratif très puissant et possède une allure de richesse que peu de bois ont au même degré, mais son imitation demande une habileté consommée et un tour de main fort difficile à saisir.

IMITATION DU THUYA

Le bois de thuya présente un ensemble de mouchetures très serrées, avec quelques parties lâches ou de repos dans lesquelles s'aperçoivent de beaux moirés.

Comme fond, c'est à peu près le même que celui de l'acajou,

Fig. 12. — Ébouriffoir (pour le décor, ronces et loupes de faux-bois).

mais tenu moins fort en rouge et un peu plus foncé d'aspect. On emploie également le procédé à l'eau, en faisant un glacis de terre de Sienne brûlée avec très peu de laque ; sur la palette on place de la Sienne naturelle, de la Sienne brûlée, un peu de Cassel et de la terre d'ombre naturelle.

Sur le glacis étendu à la brosse et bien égalisé, on fait des enlevées au spalter, en opérant de façon assez large ; on passe ensuite l'*ébouriffoir* à certaines places pour ramasser la teinte en roulant l'outil, ce qui donne des nœuds chevelus dans lesquels on place ensuite de petites mouchetures plus foncées avec composition des couleurs de la palette.

IMITATION DES ÉRABLES

Nous mettons le nom érable au pluriel parce que, dans la peinture en décor, on imite ce bois (naturellement jaune), en plusieurs tonalités, en jaune, en gris, et même en vert. Le travail d'imitation est le même pour ces diverses variétés, les teintes de fond et de glacis sont seules différentes ; les voici :

Érable jaune : fond jaune pâle (blanc et ocre). Glacis : terre de Sienne naturelle, pointe de Cassel, à l'eau.

Érable gris : fond blanc un peu rompu de noir. Glacis : très peu de noir très étendu à l'eau.

Érable vert : fond blanc légèrement rompu de vert. Glacis *à l'eau* : cendre verte à l'eau gommée.

Le glacis demande à être bien égalisé, ensuite on fait un spalté presque général sur toute la partie, mais en l'accusant davantage

Fig. 13. — Spalter plat pour les moirés de faux-bois.

(plus large), vers le centre des panneaux : il faut spalter en poussant les doigts dans les soies de l'outil afin de rendre moins réguliers les effets du moiré produit. Avec une petite brosse ronde, on plaque ensuite de tous petits nœuds, rien qu'en appuyant cette brosse humide sur le glacis étendu, elle y ramasse la teinte à l'endroit précis de la touche et forme ainsi une moucheture plus foncée, qui est très suffisante pour l'imitation. On adoucit aussitôt avec le blaireau et dans le travers de cette ébauche.

Après séchage, on passe tout le travail à la veinette que l'on a préalablement humectée dans le glacis, cela produit des veines transparentes et très douces qu'il ne faut pas chercher à accentuer davantage, l'érable étant un bois au veinage excessivement doux.

On termine par un *crayonnage* fort difficile, très compliqué, très ouvragé qui donne toute la valeur à cette imitation, mais la plupart du temps on esquive cette difficulté par un travail à la veinette très habilement mouvementé, très sinueux dont l'effet charmant rachète en partie le sentiment de truquage qui l'a inspiré.

IMITATION DU SAPIN ET DU PITCH-PIN

Quoique différents de veinage, ces deux bois, de même essence, sont également imités par les mêmes moyens et par le procédé à l'huile et avec les mêmes couleurs.

Le fond du sapin est composé de blanc et d'ocre jaune, ce doit n'être qu'un blanc cassé de jaune.

Le fond du pitch-pin est de même composition, avec addition

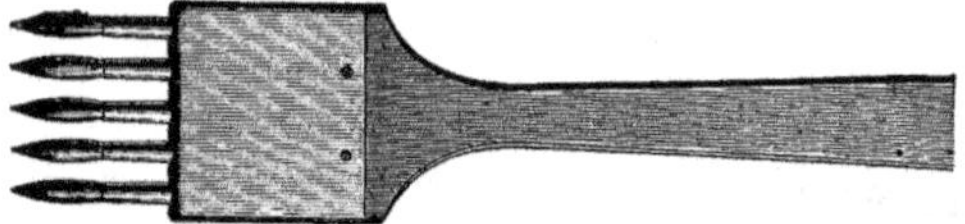

Fig. 14. — Spalter à dents.

d'un peu de chrome, la teinte est aussi un peu plus foncée dans son ensemble.

Il en est de même pour les glacis respectifs de ces deux bois ; celui du sapin, très peu teinté par une pointe de Sienne naturelle diluée dans l'essence avec de l'huile en excès et une pointe de siccatif.

Sur la palette, on met de la terre de Sienne naturelle et de la terre de Sienne brûlée, c'est tout ce qu'il faut.

Une fois le glacis bien étendu, bien égalisé, on dessine le nœud de sapin avec la brosse et dans un ton de Sienne naturelle relativement doux : les divers nœuds ainsi dessinés sur les parties voulues, au centre des panneaux ou en bordure des planches, on donne un coup de toile d'étamine sur les côtés extrêmes pour obtenir une sorte de peignage assez fin et serré, puis, on veine à la veinette, contre le nœud dont on épouse les légères sinuosités ; de cette façon, le veinage et les nœuds se confondent dans un même mouvement, encore faut-il observer que dans ce bois, le mouvement de la veine est très réduit, son allure très calme, il ne faut donc pas, par une imitation chahuteuse, aller contre l'exactitude, et rendre choquant ce que la nature a fait doux et tranquille.

Pour le pitch-pin, nous avons déjà vu que comme fond et

glacis, son travail n'est guère différent ; le veinage qu'on opère à la brosse, avec les couleurs de la palette, est d'une tonalité plus rougeâtre, il faut donc faire dominer la terre de Sienne brûlée. Les nœuds de ce bois sont plus mouvementés que ceux du sapin ; moins allongés, ils s'écrasent et se tortillent souvent d'une manière très caractéristique dont le peintre doit tenir compte s'il ne veut pas qu'on les confonde.

IMITATION DU CÈDRE

Le veinage de ce bois est très délié et ses nœuds sont d'un dessin aussi allongé que ceux du sapin auquel il ressemble par plus d'un côté, notamment par l'allure tranquille et régulière.

On prépare le fond de cèdre par une teinte composée de blanc, d'ocre rouge et d'une pointe d'ocre jaune.

Le glacis pour l'imitation est un glacis à l'huile composé de terre de Sienne naturelle, de Sienne brûlée avec un peu de terre de Cassel que l'on passe à l'état peu coloré sur le fond, puis on dessine les nœuds avec une très fine brosse ou mieux encore avec un crayon de sanguine, les couleurs de la palette sont de même sorte que celles du glacis. Après avoir dessiné les nœuds du cèdre, on passe la veinette sèche sur les côtés comme il a été dit pour le sapin et de façon à avoir un veinage qui fasse bien suite à la forme et à l'allure des nœuds.

On plaque ensuite à la brosse quelques petits nœuds en rondeur et on cherche dans la mesure du possible à les faire concorder avec les mouvements du fil des veines qu'ils ont ainsi l'air de détourner légèrement de la ligne droite. On peut reglacer ce bois avec de la laque assombrie de Cassel ou de Sienne brûlée et dans lequel on indique un spalté modérément travaillé, tout juste à quelques places de certains nœuds arrondis pour leur donner un peu plus de relief.

IMITATION DES RACINES OU LOUPES

Toutes les loupes de bois ont une allure assez semblable et le travail d'imitation serait absolument le même s'il ne comportait les changements de couleur propre à chaque bois.

Loupe de noyer, loupe ou racine de frêne, loupe de fraisier (exotique) ne sont aux yeux du peintre qu'un assemblage très serré de nœuds créés par la naissance des racines sur le pied de l'arbre, ce sont donc tous nœuds arrondis et entourés de veines qui les raccordent les uns aux autres.

Etant donné le ton du fond spécial à chacune de ces essences et du glacis approprié, on ébauche toute la série de ces nœuds enchevêtrés, à l'aide de l'ébouriffoir, puis on les repique à la brosse fine par de légers filaments de ton plus soutenu que le glacis ; on replace et on travaille au spalter pour faire miroiter le tout : c'est le point le plus important.

IMITATION DU BOIS DE ROSE ET DES AUTRES BOIS
EN IMITATION DE PLACAGE FRISÉ

Pour le bois de rose, le fond se compose de blanc avec pointe d'ocre rouge et d'ocre jaune, le ton doit être assez frais.

Le glacis est préparé *à l'eau* et à base de terre de Sienne brûlée relevée de laque rouge.

Quant à l'imitation, elle se fait d'une façon toute particulière, car on représente toujours ce bois dans le genre du placage dit *frisé*, c'est-à-dire dont les veines sont retournées et rapprochées les unes des autres, en somme par placage *de feuilles dédoublées*.

Pour imiter ce dédoublement on divise tout d'abord chaque panneau ou toute autre surface, en deux parties par le milieu dans chaque sens, le croisement de ces deux parties se trouvant au centre du panneau et procurant ainsi quatre fractions également divisées.

On glace en premier la partie droite, dans le haut et la partie gauche dans le bas ; on passe immédiatement la veinette en travers, mais diagonalement sur chaque division déjà glacée, on abandonne au séchage et l'on vernit immédiatement avec un vernis léger *à l'alcool* pour *arrêter* le travail et en rechampissant avec attention suivant le tracé ; ce vernis séchant très vite on lave sitôt que possible à l'éponge l'excédent de teinte qui a débordé et l'on peut glacer peu de temps après les deux divisions restantes, celle de gauche dans le haut, celle de droite dans le bas, les travailler de même, diagonalement mais *dans le sens opposé* à celles déjà faites, les lignes du veinage paraîtront ainsi se rencontrer à joint vif.

On vernit provisoirement comme il vient d'être dit en ayant soin de rechampir suivant le tracé pour simplement fixer et arrêter le travail : une fois ce premier vernis sec, on lave à l'éponge le nouvel excédent de teinte et il ne reste plus qu'à passer le vernis définitif dès le lendemain.

On peut à volonté faire dans le veinage quelques dessins de nœuds, dans la forme du nœud de cèdre, mais on n'en place que modérément ; un simple veinage droit de fil produit autant d'effet.

Le bois de violette s'exécute dans les mêmes dispositions de placage frisé, mais sur fond rouge d'ocre et dans un glacis presque noir, ce bois ayant des veines très foncées ; il est d'un très bel effet décoratif et pourrait avantageusement remplacer le palissandre dont il a tout à fait les nuances comme fond et comme veines, avec cette différence que les nœuds du bois de violette sont réguliers dans leur forme et non coupés comme ceux du palissandre.

On fait également du noyer en imitation de placage frisé, mais dans ce cas il est évident que le travail des nœuds est supprimé, on ne doit pas espérer faire autre chose que du veinage presque uniforme, à la veinette. Pour cette sorte de décor, on imite toujours du noyer *gris* dont le fond se trouve être une pointe de bleu dans de la terre d'ombre naturelle avec une *faible pointe* de Sienne naturelle ; le glacis est en terre d'ombre naturelle avec une pointe de Cassel.

DU RAPPORT HARMONIEUX DES FAUX-BOIS DANS LEUR JUXTAPOSITION OU LEUR VOISINAGE

En outre de la reproduction des faux-bois, il est intéressant de connaître quels sont leurs rapports quant à l'harmonie générale lorsque dans un travail de décor ou veut en assembler plusieurs :

Le chêne peut encadrer la plupart des autres bois, le sapin, le pitch-pin et les érables par du chêne jeune ; le noyer gris ou jaune, le bois de rose, le thuya par du chêne moyen ; le noyer brun, le palissandre, par du chêne vieux.

S'accordent entre eux : l'acajou et le palissandre ; le thuya et le noyer ; le frêne, l'orme et le chêne ; le cèdre et l'érable ; le sapin et le pitch-pin ; le bois de rose et le palissandre ; le thuya et le palissandre ; le palissandre, le bois de violette et l'ébène.

Dans les assemblages de bois divers, il y a lieu de toujours tenir compte de l'intensité de coloration de chacun d'eux pour les mettre en valeur ; ce sera, selon la loi générale de l'harmonie des couleurs, le bois le plus clair qui servira pour les grandes parties, comme les panneaux de portes ; le plus foncé servira d'encadrement. Exemples :

Le palissandre encadrera l'acajou ; le cèdre encadrera l'érable et l'ébène encadrera le palissandre.

Quand il y a trois bois différents juxtaposés, le troisième est toujours placé dans les plates-bandes ou élégies, c'est-à-dire entre le panneau et le champ, et toujours choisi parmi les bois les plus réguliers comme veinage ; les érables, le thuya, le bois de rose sont dans ce cas.

IMITATION DES MARBRES

La beauté naturelle de certains marbres devait inévitablement être mise à profit par les peintres, aussi, dès les premiers essais de ce genre de décoration industrielle, ces riches matériaux constituèrent une mine inépuisable pour l'étude des colorations et l'allure des veines qu'ils comportent, et leur imitation par la peinture fut-elle admise et fortement encouragée.

Certains spécialistes, peintres en décor, ont acquis dans ce genre, une très grande réputation et parmi les glorieux anciens, beaucoup n'ont pu être remplacés ni même égalés.

Il nous est impossible, dans ce Manuel de peinture en bâtiment, de donner toute la nomenclature des marbres, leur liste est considérable et ne pût jamais être donnée complète d'ailleurs, même dans les albums spécialement consacrés à leur étude.

Il faudrait aussi, à côté de nos explications, des planches démonstratives, des modèles en couleurs qui ne peuvent trouver place ici, tant à cause du format qu'elles exigeraient, que du prix de revient auquel ne peut prétendre ce volume.

Mais, comme nous nous adressons à des professionnels déjà exercés, les explications qui vont suivre et que nous donnons fatalement écourtées leur indiqueront néanmoins avec assurance, la composition et la couleur des fonds d'apprêt, la nature des glacis et les éléments d'imitation rationnelle ; la pratique devra faire le reste.

IMITATION DU MARBRE BLANC DIT BLANC VEINÉ

Sur le fond de mur parfaitement apprêté par les trois couches habituellement nécessaires, on passe un glacis onctueux composé de blanc de zinc et délayé à l'huile d'œillette avec un peu d'essence et du siccatif en poudre. Sur la palette : du noir, du blanc, une pointe de bleu, plus un ton gris moyen.

Dans le glacis, on ébauche avec le ton gris préparé sur la palette ; le veinage s'exécute avec deux ou trois petites brosses en soies, rondes plutôt que plates ; on dessine les veines hardiment sans toutefois les allonger trop, et en formant une sorte de chaînage dont il faut avoir soin d'attacher les maillons... sans tomber néanmoins dans une interprétation de filet de pêcheur, ce à quoi le débutant est toujours entraîné parce qu'il régularise trop son travail, ce qu'il ne faut pas. On prend le parti de faire des places *massées* et des places *reposées*. Ce principe des repos et des masses est applicable à presque tous les marbres. Lorsqu'une assez grande surface de faux marbre est ainsi veinée, on l'adoucit avec la brosse plate que l'on passe dans tous les sens en blaireautant sans appuyer, à seule fin de fondre les veines dans le glacis où elles semblent pénétrer. Cet adoucissement est tout le secret de l'illusion du marbre blanc. On vient ensuite repiquer dans les masses, en soulignant quelques grandes veines par des points gris disséminés sur leurs parcours... on ajoute quelques cassures transversales et le lendemain, on place les blancs.

L'essentiel à observer pour une bonne imitation du blanc veiné, c'est que le travail de l'ébauche soit assez varié de tons, car si les veines étaient faites toutes avec le même gris, l'ensemble serait lourd et détestable ; de même pour l'adoucissement de ces veines, il faut blaireauter, lisser de manière à laisser subsister des oppositions de valeurs de ton et des différences de fondu.

IMITATION DU MARBRE NAPOLÉON

D'apparence gris rosâtre, moucheté de brun et légèrement veiné de blanc, le Napoléon est surtout un marbre d'encadrement quoiqu'on l'utilise beaucoup pour des murs de cages d'escaliers, pour des soubassements, etc. Le fond s'apprête par une teinte grisâtre un peu rosée : blanc, un peu de noir avec une pointe de brun Van Dyck.

Le glacis est de même teinte, mais un peu plus clair que la couche de fond, on peut même se contenter de liquider l'ancienne teinte.

La palette doit recevoir du blanc, de la terre d'ombre et une teinte en pâte composée de ces deux couleurs réunies.

L'ébauche du Napoléon s'exécute au pinceau dit : *à chiqueter* ou *chiqueteur* et avec la teinte de la palette, le chiquetage demande à n'être pas trop mouvementé quoiqu'il puisse avoir quelques irrégularités de masse.

On laisse sécher ce premier travail puis on revient faire les veines dans une teinte rousse et des repiqués dans le ton du chiquetage, mais beaucoup plus soutenu ; enfin, on met les blancs auxquels il faut donner beaucoup de caractère par la hardiesse de touche et la liberté du pinceau, mais il ne faut pas en abuser, car la surabondance de veines blanches amoindrirait tout l'effet du chiquetage qui doit rester dominant.

CHATEAU-LANDON

Moins gris que le Napoléon, ce marbre a avec lui une analogie frappante quoiqu'il soit plus jaune, et moins chargé comme chiquetage.

Sur le fond blanc des couches d'apprêts, on passe un glacis composé de blanc, ocre jaune avec un peu de terre d'ombre de façon à avoir un ton jaune clair un peu rompu.

Même travail que pour le Napoléon mais plus discret, beaucoup moins chargé, avec moins de blancs pour finir, tenir le chiquetage un peu plus roux.

GRIOTTE

Très joli marbre formé de cailloux rouge vif qui se détache avec netteté sur un fond brun presque noir. En peinture, il s'exécute sur un fond brun foncé composé d'ocre rouge avec du noir; sur le fond sec, on glace avec la même teinte éclaircie en liquide, puis on fait un chiquetage largement traité avec un ton rouge franc (ocre rouge et vermillon). On repique ensuite certaines parties de ce chiquetage avec du vermillon pur pour faire des cailloux plus vigoureux de ton ; on termine par quelques cassures ou veines grises peu nombreuses, isolées et très espacées.

BLEU TURQUIN

De coloration gris bleuté, avec des veines en gris plus foncé qui semblent fondues dans la masse, ce marbre offre un aspect excessivement tranquille et fort doux à l'œil.

On couche de fond, en gris de fer, puis on glace de même, mais en tenant très liquide, on indique les veines largement à la brosse, avec un ton gris assez soutenu pour qu'il tranche sur le fond ; on passe à la brosse plate pour fondre la presque totalité des veines, en opérant comme il a été expliqué pour le marbre blanc.

BLEU FLEURI

L'aspect de ce marbre est semblable au précédent, de même ton, et à peu près de même veinage, mais moins le fondu, car dans celui-ci les veines, sont très nettement dessinées et ne se perdent pas dans la masse.

Comme fond, du gris de fer également, glacé de même en plus liquide; faire le veinage dans le frais comme ci-dessus, les veines plus minces, exécutées à la brosse fine... masser quelques places en plus grosses veines et relier par un fin veinage tout l'ensemble et dans un travail allongé.

Ces deux marbres bleus ne comportent pas de repiqués blancs, ou tout à fait peu. On les utilise surtout comme décor de plinthes ou stylobates, certaines cheminées ou pour tablettes.

JAUNE FLEURI

Très joli marbre clair de ton jaune rosé avec de nombreuses petites veines rouges, rousses et jaunes formant un véritable réseau sur le fond.

Coucher avec un ton jaune assez pâle puis passer un glacis composé de blanc, ocre jaune, pointe de chrome, disposer la palette de même avec en plus une parcelle de vermillon. On peut faire le veinage soit à la brosse fine, soit aux crayons de sanguine, mais le veinage à la brosse est plus en nature. Les veines sont de tons différents, s'entre-croisent et se suivent, on peut donc veiner alternativement avec un ton plus ou moins jaune, puis avec un autre plus ou moins roux. Un des bons moyens consiste à ébaucher sur le glacis par un veinage un peu large, en jaune, que l'on passe à la brosse plate pour le fondre légèrement, puis on revient avec un ton de repiquage plus rougeâtre, veiner à nouveau un peu plus serré, mais cette fois on ne fond plus à la brosse plate.

Le jaune fleuri est très agréable dans un ensemble de décor où il figure toujours bien dans les parties exiguës ; il peut aussi servir dans les champs d'encadrement pour encadrer les marbres de grande allure fortement colorés et veinés durement. On le place aussi dans les contre-champs, entre deux marbres qui sont mis en opposition et dont il augmente la valeur respective par sa coloration claire et douce ainsi que par la coquetterie de son veinage discret.

PORTOR

De longues et larges veines en jaune d'or placées sur un fond noir, tel est l'aspect de ce très joli marbre que sa couleur ultra foncée oblige à toujours placer dans les parties basses, comme la griotte, et où il produit le meilleur effet.

Le fond sera couché de noir ; on travaille ensuite directement sur le sec, sans glacis préalable ; sur la palette mettre du blanc, du jaune de chrome, du vermillon, de l'ocre jaune et très peu de noir. On opère un premier veinage avec un ton de jaune moyen, pas trop éclatant, mais assez franc... on indique les masses par des veines largement aplaties et continuant par des déliés pour se rattacher à d'autres veines ; le sens est toujours longitudinal, les veines sont longues, tantôt très minces, très finement déliées et s'écrasant tout à coup en grosses taches sinueuses, tourmentées, s'accrochant au passage les unes aux autres, mais dans le même sens, et par de simples fils jaunes ; car dans le portor, les veines ne s'entre-croisent jamais, elles suivent une marche sinon parallèle, tout au moins bien semblable qui ne se modifie pas.

MARBRES NOIRS
ANTIQUE, PETIT ANTIQUE, SAINTE-ANNE

Tous ces marbres s'exécutent par un veinage en blanc sur un fond noir, on travaille dans le sec ; le marbre grand antique possède de longues et larges veines franchement blanches, puissamment indiquées et occupant une bonne moitié de la masse ; le petit-antique est veiné plus finement, mais l'allure est sensiblement la même ; toutefois, ses veines très réduites comme largeur sont aussi beaucoup moins répandues dans la masse.

Le marbre Sainte-Anne se caractérise par une surabondance de petites veines gris-blanc, dont le sens de la marche est très difficile à saisir et à rendre ; on le prépare par un chiquetage que l'on vient rattacher ensuite au pinceau, pour terminer par un recailloutage blanc et un autre gris foncé ; ces deux cailloutages constituent la véritable imitation de ce marbre presque totalement délaissé aujourd'hui à cause de son vilain aspect et de la difficulté de son imitation. D'ailleurs ces trois marbres noirs sont à peu près abandonnés par la peinture en décor.

VERT DE MER

C'est également un marbre à fond noir, mais dont le veinage très serré, se détache en vert franc, de nuances variées, avec des

mélanges de blanc. Aucun veinage de marbre n'est aussi enche-
vêtré que celui-ci, c'est un réseau absolument inextricable de
lignes, un choc de veines qui fuient dans tous les sens et rencon-
trant de nombreuses cassures blanches.

Sur un fond noir, on travaille à sec, par un chiquetage de vert
sale, on fait ensuite un veinage, au pinceau à 5 mèches et avec le
même ton, en *tortillant* pour que les veines s'enchevêtrent bien.

Sur cette ébauche sèche, on passe un second chiquetage en
vert jaune sale, mais très fluide, pour cristalliser et former glacis
seulement afin d'éloigner dans la masse les premières veines de
l'ébauche. On repique alors, par un sérieux veinage *à la brosse*
avec des tons de vert et de blanc, il faut s'attacher par ce veinage final à bien relier les parties de repos du marbre pour que
le tout se tienne bien, sans interruption. Comme achèvement,
faire de franches et nombreuses cassures ou veines blanches dont
l'allure donne tout le *chic* au travail, opération des plus difficiles qui demande une grande habileté.

ROUGE DU LANGUEDOC

C'est un marbre de grand effet, mais qui demande à n'être placé
que sur des surfaces assez restreintes, à cause de sa vigueur de
coloration et de la trop grande uniformité de son veinage.

Sur le fond préparé en gris de fer, on procède à un fort chiquetage en rouge d'ocre rehaussé de vermillon et de façon à ce que le
rouge occupe au moins autant de surface que le gris, sinon plus,
car le gris figurera les veines, et le rouge semblera être le fond.
Sur le gris restant après le chiquetage de rouge, on repique avec
du gris clair, du gris foncé et du blanc, en dessinant non pas des
veines longues et plates, mais des veines rondes, formant cailloux
ou *rognons*.

Pour finir, on fait un second chiquetage de repiqué dans le
rouge avec un ton plus clair et on accuse les blancs dans le gris,
à l'endroit des cailloux et en les contournant.

CAMPANS

CAMPAN VERT, CAMPAN MÉLANGÉ, CAMPAN ISABELLE

Ces principales variétés du marbre Campan sont très connues des peintres qui les utilisent souvent ; la caractéristique du Campan, c'est un assemblage de menus cailloux isolés les uns des autres quoique très serrés, le ciment qui les relie forme donc entre eux comme les mailles d'un filet dont ils rempliraient les vides, cela donne à ces marbres une allure de chaînage par maillons assez réguliers.

Pour le campan vert, appelé communément *vert-vert*, on prépare un fond en vert clair sali ou légèrement rompu sur lequel, une fois sec, on vient chaîner à la surface avec un ton vert foncé; on place ensuite quelques cailloux blancs dans les mailles et on termine, après séchage, en mettant de nombreuses cassures blanches dans le sens opposé au veinage.

Le Campan *mélangé* appelé aussi Campan rouge est préparé par un fond de même couleur, puis on glace avec un jus presque incolore et l'on établit ensuite une ébauche, par des bandes obliques d'un rouge vineux très soutenu. Le veinage chaîné s'opère ensuite en vert foncé sur les bandes vertes et en vert-brun très foncé sur les bandes rouges. On repique par un léger cailloutage et par l'application des blancs, pour former les cassures transversales comme dans le marbre ci-dessus.

Le Campan Isabelle possède un fond et un veinage identique au vert-vert, mais il est rempli, entre les mailles du chaînage foncé, de nombreux cailloux de couleur tendre en blanc rosâtre sali.

JAUNE DE SIENNE

Avec ce marbre, nous entrons dans la catégorie des marbres de grande allure, les plus décoratifs qui soient, mais aussi d'une imitation fort difficile pour laquelle toutes les explications ne peuvent suffire.

Le fond du jaune de Sienne est un ton pierre un peu plus chaud que le ton habituel de pierre blanche.

On compose un glacis avec du blanc, de l'ocre jaune, un peu de chrome et une pointe de vermillon.

Sur la palette on dispose, du blanc, du jaune de chrome, du brun Van Dick et un peu de bleu de Prusse.

En plus du glacis général on prépare en outre deux teintes dont l'une sera tenue dans le ton du glacis lui-même, mais plus soutenue en jaune, elle sert à indiquer les *masses;* l'autre teinte composée de blanc, pointe de vermillon, pointe d'ocre rouge et d'ocre jaune sert à indiquer les parties de *repos.* On ébauche ensuite à la palette, le veinage proprement dit en commençant par le cailloutage des masses avec du jaune d'abord, puis avec un vert sale ; on accuse ensuite avec un ton chauffé de brun Van Dyck, mais très modérément. On blaireaute pour adoucir cette ébauche, en se servant de la grosse brosse plate ; adoucir dans le sens de la veine ; laisser sécher. On vient repiquer dans les masses par un veinage superposé à celui de l'ébauche mais moins étendu ; indiquer seulement en l'accentuant par des *crochets* de brun et de vert, la partie massée. On pose les blancs par le travers pour former des cassures et terminer ce marbre dont le travail est très difficultueux, principalement à cause de son veinage particulier qui doit être à la fois *sobre* et très tranché avec des changements de nuances allant du jaune sombre au vert soutenu et rehaussé de rouge vineux dans les parties les plus chargées.

BRÈCHE VIOLETTE

Marbre souvent reproduit, très en faveur dans le monde de la peinture, mais d'une exécution très ardue à cause de la vivacité de son coloris, de la rectitude et de l'abondance de son cailloutage.

Le fond *blanc* est glacé par une teinte au blanc de zinc. Pour l'ébauche, on charge la palette de blanc, de vermillon, de brun Van Dyck, d'ocre jaune, de bleu de Prusse et d'un peu de noir.

Avec ces couleurs on façonne trois tons en pâte, un bleu pâle violacé, un gris rosâtre et un gris jaunâtre. On ébauche dans le glacis au blanc de zinc avec les pinceaux à mèches, en se servant d'abord du ton gris rosâtre pour déterminer les parties de masses, cette ébauche est adoucie à la brosse plate et retravaillée de suite par un veinage bleuâtre assez durement traité ; on adoucit légèrement et on laisse sécher le tout.

Avant de reprendre le veinage, on passe sur toute l'ébauche sèche un bon chiquetage au blanc de neige pour éloigner le premier travail dans le fond en gazant sa crudité par cette espèce de cristallisation qui donne beaucoup de transparence. On procède ensuite au repiqué du veinage en dessinant bien les masses cailloutées par de nombreux *crochets* en tons vigoureux de bleu violacé, puis on termine par le glacage en blanc des grands cailloux formant *repos* avec quelques veines en jaune pâle simulant des cassures qui passent en travers de ces grandes parties laissées vides.

SARRANCOLIN

Marbre très vivement coloré de cailloux en rouge vif et de veines jaunes ou roses qui s'enlèvent sur un fond gris rosé assez soutenu. Très difficile à imiter également, du moins pour l'obtenir de façon convenable et acceptable.

Sur le fond blanc des murs on applique un glacis gris-rose composé de blanc, de noir avec une pointe de Van Dyck.

Sur la palette on compose deux autres gris dont le plus faible est tenu plus fort que le ton du glacis, on charge ensuite de blanc d'ocre rouge et jaune, de vermillon et de brun Van Dick.

L'ébauche du veinage s'opère comme pour la brèche violette, avec le pinceau à mèches après avoir chiqueté en gris presque toutes les parties de repos.

Il faut ébaucher assez dur le premier veinage par le *deux mèches* qui formera les masses de crochets. On passe la brosse plate pour adoucir légèrement en suivant l'allure des veines qui dans tous ces marbres ne sauraient être lissées ni fondues autrement que dans leur sens véritable.

Quand l'ébauche est sèche, on fait un chiquetage de cristallisation comme il a été dit pour la brèche violette ; les repiquées de tout le veinage se placent ensuite, avec des tons vigoureux jaunes, gris et rouges.

IMITATION DES BRONZES

C'est encore par le procédé des glacis que l'on obtient les bonnes imitations de bronzes sur certaines devantures, sur les grilles, les balcons et autres surfaces le cas échéant.

Bronze jaune dit bronze sou ou bronze médaille.

On compose le fond avec une teinte faite de jaune d'ocre, de terre d'ombre naturelle et une pointe de blanc. Deux glacis sont nécessaires l'un composé des mêmes couleurs que ci-dessus, mais sans addition de blanc et plus fort en terre d'ombre; on le passe très fluide dans les parties hautes où l'on suppose ne pas exister de frottements ; l'autre glacis est pour les parties basses, celles où doit apparaître le métal par suite de l'usure supposée des frottements, et qui sont glacées avec une teinte composée avec une partie du premier glacis dans lequel on a ajouté un peu de bronze jaune en poudre; les deux glacis sont pochés, ou tamponnés à la brosse dans la partie de leur rencontre pour être *fondus* l'un dans l'autre.

On revient après séchage, reglacer avec une teinte de même nature contenant davantage de bronze en poudre puis fondue à nouveau dans celle de dessous de façon à avoir un dégradé parfait de ces trois glacis. On vernit pour finir.

BRONZE VERT DIT BRONZE ANTIQUE

Comme fond, c'est une teinte neutre de gris vert sale, que l'on vient tout d'abord donner en glacis incolore qui permet de placer les quatre tons de bronze qui constituent le vert antique ; on prépare donc, en plus du glacis incolore composé d'huile d'*essence* et très peu de siccatif, on prépare, disons-nous, les quatre tons suivants :

1° Vert clair : blanc, vert anglais, pointe chrome ;

2° Vert moyen avec presque pas de blanc et sans jaune ;

3° Brun rouge : Van Dick et terre d'ombre ;

4° Jaune chaud *clair*, par du blanc, de l'ocre jaune, pointe de chrome et pointe de mine orange.

En supposant un panneau de devanture à faire en bronze antique, voici la manière d'opérer.

Passer sur toute la surface le glacis incolore puis les teintes indiquées, placées dans l'ordre suivant qui est le même que celui dans lequel nous avons indiqué leur composition :

Le *vert clair* en haut ;

Le vert moyen pour suivre en descendant ;

Le brun rouge toujours en suivant ;

Le jaune chaud en dernier et en bas.

On se trouve donc en présence de quatre bandes de tons tranchés qu'il faut immédiatement fondre l'une avec l'autre pour obtenir un dégradé parfait allant du vert clair sans transition au vert foncé, au brun rouge et se mourant dans le jaune final.

On obtient le dégradé en fondant d'abord les tons à la brosse plate pour les faire entrer l'un dans l'autre, puis on parachève en fondant par le poché avec la brosse spéciale ou une brosse à épousseter neuve, dont les longues soies battent fort bien la couleur.

Dans cette besogne il faut aller vite et bien placer ses teintes dans l'ordre indiqué qui est celui des phases successives de l'oxydation du bronze antique par suite de son usure et de son exposition ; le jaune placé en bas détermine l'usure du métal qui apparaît net sous les frottements qu'il reçoit journellement ; le vert du haut détermine et caractérise le plus fort degré d'oxydation de ce même métal par suite de l'écoulement des eaux, les autres tons indiquent les phases intermédiaires entre la patine naturelle, l'usure excessive et la détérioration par le vert-de-gris.

BRONZE ROUGE OU FLORENTIN

Sur un fond de brun Van Dyck, on procède également par des tons de glacis fondus l'un dans l'autre :

1° Terre de Sienne brûlée et vermillon pour le ton clair ;

2° Terre d'ombre et Sienne pour ton intermédiaire ;

3° Terre de Cassel ou pointe de noir avec Van Dyck pour le ton foncé.

Placer ces tons simultanément puis les fondre ensemble à leur point de contact ; le ton clair étant toujours placé dans les bas pour indiquer l'usure du métal par les frottements.

CHAPITRE IX

DE LA LETTRE ET DES ENSEIGNES

La peinture des lettres est encore une spécialité importante et indispensable dans la profession de peintre... nous disons *indispensable* parce que, de même que pour la spécialité du décor il faut, pour être habile, s'y consacrer presque exclusivement afin de se faire et surtout de conserver *la main*... et, la peinture en lettres, est beaucoup plus une question de main qu'une question de science.

Toutefois, elle comporte certaines connaissances techniques que nous allons passer en revue.

Les lettres ont des formes très variées, dont on peut faire de suite deux catégories : les genres classiques et les genres de fantaisie.

Les genres classiques sont les plus employés malgré l'invasion des formes *nouvelles* du modern style ; leurs formes sont visiblement inspirées des caractères de l'imprimerie, par conséquent très lisibles, gracieuses et bien équilibrées. Ces qualités sont essentielles et doivent toujours se retrouver unies, jusque dans la disposition et l'exécution d'une enseigne . il faut d'ailleurs ne jamais perdre de vue la nature du rôle incombant à l'objet que l'on conçoit, que l'on construit ou que l'on dessine... Quel est le rôle de l'enseigne, c'est d'être *lue rapidement*, presque d'un coup d'œil, elle doit attirer l'attention du passant sans qu'il soit obligé de s'arrêter ; l'enseigne est une indication, ce n'est pas une affiche ou un placard ; du reste, la brièveté des indications courantes établit bien le rôle exact de l'enseigne : Coiffeur, Restaurant, Beurre et Œufs, Crèmerie, Boulangerie, etc., etc. Ce sont toujours des titres que l'œil peut lire instantanément, et on peut remarquer que rien ne rebute plus à lire qu'une inscription chargée. Or, si le libellé d'une enseigne doit être *bref*, les lettres qui composent ce libellé doivent être de formes sobres, sans autres membres que le strict nécessaire à la forme des signes qu'elles représentent; il ne faut pas qu'elles tiennent trop de place et que chacune d'elles soit sensiblement pareille à toute les autres dans ses dimensions comme dans sa structure même, afin qu'une fois réunies, elles semblent bien découler de la

LETTRES DE GENRES CLASSIQUES

  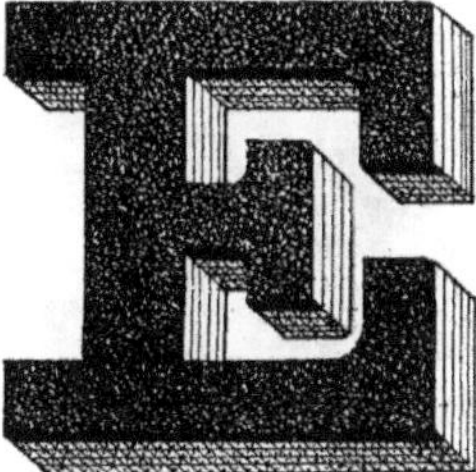

Egyptienne carrée.
Lettre et épaisseurs
simples.

Egyptienne à pointes.
Lettre et ombres portées.

Monstre ou carrée à talons.
Lettre et épaisseurs avec repiqué
d'ombre dans les dessous.

Fig. 15.

même origine. C'est de ces exigences que sont nés les alphabets de formes diverses, inspirés des lettres typographiques qui possèdent à peu près toutes les qualités de forme, de grâce et d'équilibre que l'on peut demander.

Les alphabets pour lettres d'enseignes sont connus sous le nom de *genre*, on dit le genre Boule, le genre Antique, le genre Monumental, etc.

Ces genres sont dits classiques parce que leurs formes sont invariables, proportionnées, bien définies et très caractérisées d'un genre à un autre genre, et de telle façon que les lettres de l'un ou de l'autre ne puissent trouver place ailleurs que dans une ligne de leur propre genre.

D'où la nécessité première pour un peintre de lettres ou tout professionnel voulant faire des enseignes, première nécessité, disons-nous, de bien *connaître* les genres, c'est-à-dire la forme particulière et très exacte de chaque lettre pour chacun des alphabets ou genres classiques.

Ensuite, il y a la question de distribution d'une enseigne... la manière de balancer ses lettres pour qu'elles *paraissent* toutes régulièrement placées sur le tableau d'enseigne.

Si nous avons dit qu'elles doivent *paraître* régulières, c'est avec intention, car on doit savoir que les lettres, prises séparément, ne sont pas exactement semblables en proportions.

LETTRES DE GENRES CLASSIQUES

 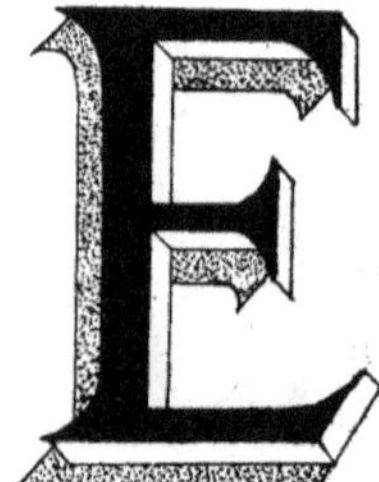 

Monumentale. **Antique.** **Capitales.**

Lettre et épaisseurs simples. Lettre, épaisseurs et ombres. Lettre et épaisseurs à 2 tons.

Fig. 16.

Par exemple, le T demande plus de largeur que les autres, le V est dans le même cas ainsi que la lettre Y ; la lettre M est toujours tenue la plus large de toutes, d'autre part, les lettres arrondies demandent à être plus longues que les lettres droites ou rectilignes. Les lettres C, G, O, S, U, quand elles ne dépassent pas un peu la ligne du tracé de hauteur, paraissent plus petites que leurs compagnes. La distribution d'un libellé d'enseigne est donc une opération qui n'est pas aussi simple qu'on pourrait le supposer.

Ensuite, vient la connaissance des tons, quelles sont les couleurs appropriées à chaque nuance des fonds sur lesquels on opère ; et, suivant la couleur des lettres, quelles couleurs auront leurs épaisseurs et quelle sera celle des ombres.

On voit par ce rapide examen que la peinture en lettres nécessite suffisamment de connaissances particulières pour devenir une spécialité, d'autant plus que la tenue du pinceau est aussi toute une affaire et que la sûreté, la légèreté de main sont tout à fait indispensables...

Cependant, cela ne veut pas dire qu'un spécialiste peut seul faire des lettres, loin de là, car beaucoup de peintres en province font eux-mêmes leurs enseignes, non pas toujours avec la même grâce, ni la même habileté qu'un spécialiste, mais suffisamment toutefois pour que ces enseignes soient agréables à l'œil... Il y a même des peintres qui, tout en ne faisant la lettre que de temps à autre, l'exécutent aussi parfaitement que possible, ils vont peut-être moins vite, mais il font aussi bien que le spécialiste.

L'essentiel en tout ceci c'est une bonne étude préalable sur les formes, sur les proportions, sur la coloration ; une main pas trop lourde, beaucoup de vouloir et l'observation constante de tout exemple pratique qui passe sous les yeux.

C'est pour faciliter cette observation et mettre sur la voie des exemples, que nous donnons à observer ces planches en noir de modèles classiques et typiques placées aux deux pages précédentes.

DE L'EXÉCUTION DES LETTRES PEINTES

En tout premier lieu, il faut tenir compte du coloris à donner aux lettres par rapport à la couleur du fond qui leur a été préparé.

La première qualité d'une enseigne, c'est qu'elle soit *voyante* et *lisible*, voyante, pour attirer le regard d'abord, par la vivacité de la couleur ; lisible, pour être comprise de suite, par la forme de ses caractères.

Or pour qu'une enseigne soit voyante et se détache bien du fond, elle doit être en opposition directe avec la couleur de ce fond... en tons clairs si le fond est foncé, en tons foncés si le fond est clair.

Sur un fond noir, mettre une lettre blanche ou jaune d'or, ni le bleu, ni le vert ne conviennent.

Sur un fond rouge ou brun, la lettre blanche est encore en belle opposition, puis la lettre en ton d'or, ou de ton bleu clair.

Sur un fond vert foncé, le jaune pâle ou le vert très clair sont en situation, mais ni le rouge ni le bleu ne sauraient convenir.

Sur un fond bleu-foncé, le jaune d'or ou le bleu très clair également quoique moins voyant.

Sur un bleu clair, le bleu très foncé ou le rouge brun : le jaune donne peu d'effet, le blanc est très atténué dans sa fraîcheur.

Sur le jaune qui est le plus mauvais fond pour des lettres, le rouge, le blanc ou un bleu franc, peuvent à peu près convenir.

Sur un fond bleu foncé, le jaune d'or, le blanc en un bleu très pâle.

Pour tous autres fonds clairs, il n'y a qu'à renverser les indications que nous venons de donner.

Les lettres peintes s'exécutent de façons très diverses, et on les présente sous des aspects différents, elles sont dites :

A plat ;

Avec épaisseurs ;

Avec épaisseurs, ombre et relevé d'épaisseur ;

Avec repiqués ;

Avec dessous.

Les lettres *à plat* sont tout unies, laissées dans leur seule forme, sans autre agrément.

Les lettres *avec épaisseurs ombre* et *relevé d'épaisseur* sont faites pour imiter le relief, c'est la façon la plus complète de les traiter :

On couche la lettre en ton local (sa propre couleur) puis on fait les épaisseurs *à deux tons*, car il faut établir une différence entre les dessous et les cotés, ceux-ci étant toujours plus clairs que ceux-là ; on passe ensuite à l'ombre portée de la lettre sur le fond ; le ton d'ombre doit être plus foncé que ce fond, mais toujours dans la même nuance ; exemples :

Sur un fond brun, une ombre en brun très foncé ;

Sur un fond bleu foncé, une ombre noire ;

Sur un fond rouge, une ombre en brun soutenu ;

Sur un fond vert, une ombre presque noire ;

Sur un fond jaune, une ombre brun-jaune.

Quant au *relevé d'épaisseur* c'est une touche vive qu'on applique sur les parties *fortement éclairées* ou *réflétées* des épaisseurs, généralement les angles saillants et les départs de rondeurs.

Les lettres *repiquées* sont des lettres à plat, mais un peu rehaussées, simplement par un filet indiquant la tranche supposée d'une des épaisseurs, *côtés ou dessous*, jamais les deux ensemble, ou alors, chacune dans un ton à part.

Les lettres avec *dessous* sont également des lettres à plat que l'on agrémente par un large repiqué dans les dessous seulement, c'est-à-dire tous les jambages horizontaux.

FANTAISIE

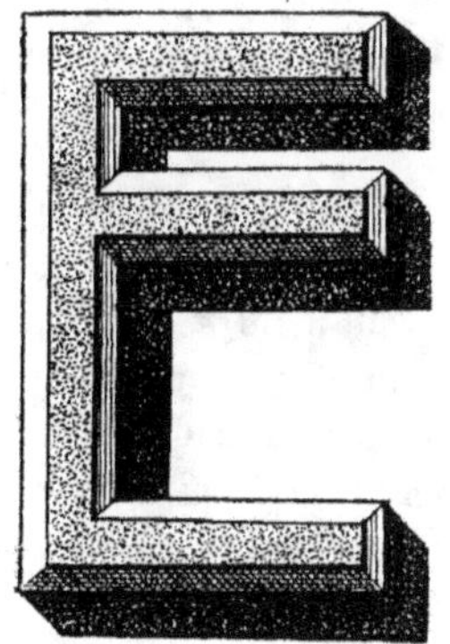

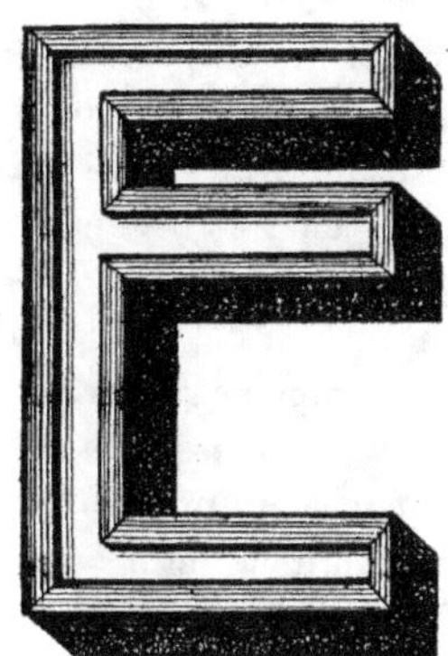

Lettre à biseaux.
avec ombres portées.

Lettre à listels.
avec ombres portées.

Fig. 17.

En outre de ces agréments de relief, il y a des lettres gravées, imitant le creux, elles se font de deux manières... le creux à biseau et le grand fond (à fond plat, les épaisseurs taillées).

Les lettres sont encore dites : à listels, à biseaux, spaltées, bronzées, enfin dorées.

La variété en est grande comme on voit, il nous faudrait un volume entier pour exposer tous les modèles... nous ne pouvons donner que les types principaux, et déjà suffisants pour celui qui veut travailler la lettre ; à celui-là nous devons encore quelques conseils ou plutôt, il nous faut lui expliquer le *coup* très spécial du pinceau, et le *chic* de l'exécution.

On commence par le tracé de la hauteur totale, par deux traits de cordeau donnés dans toute la longueur du tableau, puis, on établit la *disposition* des lettres, leur emplacement, et c'est la principale opération, celle d'où va dépendre l'allure et la tournure de l'enseigne... Pour bien *disposer*, il faut tenir compte de la différence des lettres entre elles, la lettre I tenant moins de place que toutes les autres, la lettre M en tenant davantage ; les A et les V par leur forme évasée doivent être trichés, réduits de largeur avec des distances moindres ; le T doit être élargi ; les lettres arrondies, O, C, G, S, sont tenues plus hautes, dépassant un peu les deux lignes qui déterminent la hauteur générale des lettres, la lettre U dépassant par le bas seulement.

Une fois la disposition établie, les lettres se balançant bien et *paraissant* régulières comme distance, comme hauteur et comme largeur, on procède à la peinture.

A cet effet, les pinceaux les meilleurs sont les pinceaux en martre, *carrés du bout*... il faut s'être exercé à leur maniement qui exige un tour de main tout particulier... le peintre peu expérimenté commence par *filer* la lettre avec un pinceau pointu, puis il la remplit au pinceau carré ou plat, mais le professionnel exercé attaque la peinture des lettres directement avec le pinceau carré qu'il emplit de teinte et qu'il aplatit sur le bord du godet pour le faire bien carré et il descend sa lettre *du coup* en une seule fois ; le tour de main consiste à savoir tenir l'outil *à plat* puis à le tourner progressivement sur champ pour faire les pointes ou les angles.

La pratique seule peut donner cette habileté qui semble impossible à acquérir quand on débute, mais que l'on peut saisir au bout de quelques exercices.

Les lettres une fois peintes à une couche, on passe aux épaisseurs, puis aux ombres et pendant ce temps la couche première est devenue assez sèche pour permettre de repasser les lettres... la première teinte est tenue assez limpide et *tout à l'essence*, la seconde fois, on la tient très corsée, presque en pâte pour bien couvrir ; elle a d'ailleurs tout le temps voulu pour sécher puisqu'on n'y revient plus que pour vernir et que l'on devra attendre leur parfait séchage pour faire cette opération dernière... On place les repiqués de clair et les reflets en tout dernier lieu, après la seconde couche ; il ne faut pas abuser de ces *coups de fion*, et s'attacher à les mettre très justement en place.

Pour les lettres dorées, il y a lieu de mater le fond de peinture à la terre glaise ou au talc avant de les coucher en mixtion, pour éviter le collage ultérieur de l'or sur le fond... on doit aussi les finir d'épaisseurs et d'ombre pour que ces dernières puissent être vernies *avant la dorure* laquelle ne doit jamais être vernie sous peine de lui enlever rapidement tout son éclat. La dorure, quelle qu'elle soit, est appliquée toujours *après* le vernissage et lorsque celui-ci est bien sec, c'est la seule manière de procéder pour avoir un or bien brillant et d'éclat durable. Tout au plus peut-on passer un couche de vernis Sœhnée (très spécial) sur les filets à l'extérieur, sur les devantures... mais jamais sur les tableaux d'enseignes qui n'ont à craindre, vu leur hauteur, aucun frottement préjudiciable ; la pluie ni le soleil ne peuvent altérer l'or placé sur mixtion qui prend seulement de la patine et supporte fort bien les lavages à l'eau mitigée.

A côté des lettres peintes, il y a encore les lettres en zinc, les lettres en cristal, les lettres en bois, toutes exécutées en relief et appliquées ensuite une fois dorées, sur les tableaux de devantures, panneaux, bandeaux, trumeaux et toute surface plane où l'on peut placer une enseigne.

De ces lettres en relief, très connues, très anciennes, nous ne dirons que quelques mots , savoir, qu'elles sont, à l'état de neuf, imprimées puis peintes avant leur dorure afin que celle-ci ne se trouve pas assise directement sur le zinc ou le bois : il leur faut une préparation de deux couches au moins, la première au minium si possible, ou tout au moins avec un ton gris à base de céruse avec un peu de noir. On fait des teintes dures, c'est-à-dire battues au vernis et délayées ensuite à l'essence. Ces teintes ont la propriété d'être très tenaces et de durcir très vite ; elles doivent être très sérieusement poncées, car il faut obtenir un fond bien lisse à cause de la dorure qui vient en dernier lieu les recouvrir et pour laquelle il y a nécessité absolue à ne pas avoir de grains.

Sur la deuxième couche, une fois sèche, on passe la couche de mixtion qui aussitôt prise *à point* reçoit la dorure ; on finit par une couche de vernis Sœhnée et l'on procède à la pose sur le tableau d'enseigne ou sur l'emplacement choisi.

LETTRES DORÉES EN CUIVRE ESTAMPÉ PLACÉES SOUS VERRE
IMITANT LA GRAVURE

Mais il est un autre genre de lettres, un article relativement nouveau qui procure les plus belles enseignes que l'on ait jamais produites ; ce sont les lettres en creux, sur cuivre estampé, dorées et placées sous glace pour imiter la gravure.

On désigne ce genre sous le nom de *lettres étincelantes*.

Les lettres étincelantes se font de deux sortes, *creuses à biseau* comme la gravure dans le marbre et *creuses à fond plat*, imitant aussi la gravure, mais plutôt la pierre taillée, évidée de fond.

Placées sous glace après avoir été dorées, ces lettres, qui se détachent sur un fond uniforme noir ou brun, ou sur un fond marbré quelconque, ces lettres, disons-nous, ont un éclat merveilleux, restent inaltérables et donnent des enseignes de la plus grande richesse et du plus grand effet qu'il soit possible d'obtenir.

Elles ont eu un succès considérable et sont aujourd'hui tout à fait à la mode ; les pauvres vieilles lettres en zinc et en relief font maintenant triste figure à côté de ces lettres creuses, brillantes, étincelantes, dont l'éclat et la conservation sont à jamais garantis par la protection de la forte glace qui les recouvre.

Le fabricant, propriétaire de la marque de ces lettres étincelantes, M. Lefèvre, rue du Pont-Neuf, 18, à Paris, nous expliquait dernièrement tout le mal qu'il avait eu à lancer ce genre nouveau et si beau dont l'invention remonte déjà très loin, mais que la routine et la mauvaise volonté empêchèrent longtemps de paraître et de se faire jour à travers les autres nouveautés de l'enseigne.

Les lettres étincelantes ont bien vite regagné le temps perdu et leur succès fut ce qu'il devait être, complet et... durable.

Elles sont vendues à l'état brut, en cuivre estampé seulement, ou bien dorées, ou encore toutes posées sous glace, au choix du peintre qui a l'entreprise de l'enseigne. Les lettres estampées en creux sur cuivre, ne sont pas, comme les lettres en relief sur zinc, obligées de subir deux couches de peinture préalables pour faire le fond ; elles se contentent d'être vernies directement sur le métal, puis passées à la mixtion très à sec et dorées ; c'est qu'en effet, pour les lettres en zinc placées toujours à l'extérieur, recevant toutes les injures du temps, on doit prendre d'utiles précautions afin que le métal ne se pique pas par derrière la dorure et fasse ainsi désagréger le tout, tandis que les lettres en cuivre estampé sont très efficacement protégées contre toute atteinte des intempéries et de l'oxydation puisqu'elles sont emprisonnées solidement et hermétiquement encloses entre l'épaisseur du verre ou de la glace, et le papier de plomb qui les y fixe, puis recouvertes encore par des couches de peinture. Ainsi enfermées, privées du contact de l'air, à l'abri de toute poussière, de tout frottement, de tout contact, leur inaltérabilité est absolue, leur conservation indéfinie.

Toutefois est-il nécessaire que la pose de ces lettres soit exécutée très sérieusement et, d'après des principes rationnels dont beaucoup de fournisseurs semblent s'écarter comme à plaisir, ce qui nous permet de constater assez souvent des taches d'oxydation, des auréoles et des marbrures de mauvais aloi dans certaines enseignes placées aux regards du public. Or, cette détérioration anticipée, très prématurée, est uniquement due à la pose défectueuse de ces lettres dans leur placement sous glace.

Nous ferons connaître cette cause défectueuse au cours des explications qui suivent et indiquent le système de *pose sous glace*, tel que le conseille M. Lefèvre :

Après avoir été dorées par les moyens habituels en pareil cas, c'est-à-dire, couchées de mixtion *à sec* sur une couche préalable de vernis qu'on laisse bien durcir, les lettres sont mises de côté pour un instant et l'on s'occupe de préparer la glace.

MÉTHODE DE POSE POUR LES LETTRES EN CREUX

1° Préparation du fond à jour : Découper les patrons de papier d'étain (fournis dans l'achat) en enlevant le trait de crayon, les enduire avec un pinceau trempé dans un mélange de savon noir en pâte liquide, d'huile cuite ou de mixtion à dorer, par parties égales (préparation faite à chaud).

2° Faire la disposition à l'envers de la glace, et dans le sens inverse de la lecture, avec les patrons découpés et enduits, en les appuyant bien, nettoyer ensuite la glace avec un linge sec ou imbibé d'alcool (sans eau).

3° Préparer le fond par une teinte de couleur voulue, noire, rouge, verte, selon la nuance choisie, cette teinte faite à la mixtion bien limpide ; peindre la glace par-dessus les patrons disposés et collés sur le verre, prendre des précautions pour ne pas les enlever ou les déplacer.

Quand la première couche est sèche, on en donne une ou deux autres ; une fois la dernière couche sèche, on soulève les papiers-patrons à l'aide d'une pointe, on les retire ensuite tout à fait et les lettres apparaissent alors réservées, *à jour* sur le fond opaque. On nettoie ces jours et l'on fait les raccords nécessaires en cas de besoin.

POSE DES LETTRES

Avec la même peinture qui a servi à faire le fond, on donne une couche sur du papier d'étain fort, on laisse sécher *jusqu'à ce qu'il ne fasse plus que poisser sans venir aux doigts.*

A ce moment, on le coupe en petites bandes de 1 ou 2 centimètres de large que l'on dispose à ses côtés ; on prend alors les lettres, une à une, bien entendu, chaque lettre est présentée derrière la glace, sur le fond et à la place correspondante à son vide transparent, on règle son placement en regardant à l'endroit de la glace et quand la lettre se trouve très correctement en face de son *jour*, on la maintient ferme d'une main, de l'autre ou saisit une petite bande de papier d'étain enduit de mixtion poissante, on applique la bandelette *à cheval* sur le bord en métal de la lettre et sur le fond de peinture. Cette opération n'est pas des plus faciles, elle est très longue et demande beaucoup d'attention.

Quand toutes les lettres sont placées et fixées par les bandelettes ; on applique par-dessus et en travers une autre feuille de papier d'étain mince, préparé comme celui des bandelettes ; une fois ce second papier collé, on passe par-dessus le tout une bonne couche de teinte à l'huile grasse.

On laisse sécher très convenablement, et l'on applique en tableau sur place.

Nous avons dit que nous ferions connaître la cause défectueuse qui détermine des taches ultérieures sur le fond, et des marques d'oxydation du cuivre. Cette cause d'insuccès et d'accidents réside tout entière dans la partie des explications que nous avons soulignée quant à la pose des lettres. C'est lorsqu'on applique trop fraîches les bandelettes peintes en papier d'étain pour fixer les lettres en place.

En effet si la mixtion n'est pas sèche, elle conservera sa moiteur sous le papier d'étain, par conséquent fera tache sur le fond; en outre, elle se dilatera sous l'action du soleil et l'évaporation produite soulèvera les bandelettes et tout l'ensemble du fixage, la fermeture dès lors rendue incomplète permettra la pénétration de l'air et la moindre cause humide déterminera en outre l'oxydation du cuivre.

Tandis que si on fixe les bandelettes une fois la mixtion sèche, bien prise, comme pour dorer dessus, elle ne peut s'étaler en taches grasses, ni se dilater aucunement, sa dessiccation étant faite avant qu'elle soit emprisonnée entre le verre et l'étain.

Mais, on veut trop souvent *bousculer* le travail, on veut produire et surproduire, alors, les malfaçons pleuvent et les travaux sont à refaire ! !

ÉGYPTIENNE	MONUMENTALE	MONSTRE	FANTAISIE	ART NOUVEAU
Hauteur en centimètres.	Hauteur en centimètres.	Hauteur en centimètres.	Hauteur en centimètres.	Hauteur en centimètres.
4	4	4	»	»
»	5	5	5	»
6	6	»	»	6
8	8 (4 largeurs)	8	8	8
10	10	10	10	10
12	12	12	12	12
15	15	15	15	15
20	20	20	20	20
25	25	25	25	25
28	28	28	28	28
30	30	30	30	30

et au-dessus.

Voici, pour compléter nos renseignements, les formats divers de ces lettres dites *étincelantes* en cuivre estampé ou repoussé en creux, imitation de gravure, pour être dorées et placées sous glace.

Comme renseignement général pour le prix de revient, chaque lettre coûte, *à l'état brut*, 0 fr. 05 par centimètre de hauteur, et 0 fr. 25 par centimètre quand elle est fournie dorée et posée ; le prix de la glace est en sus.

M. Lefèvre envoie sur demande, aux entrepreneurs, aux patrons peintres et aux peintres en lettres, un échantillon de deux lettres en 5 centimètres, dorées et posées sous verre.

Indépendamment des formes courantes ci-dessus, il existe beaucoup d'autres séries étroites ou larges et de formes variées telles que : Fantaisies à crochet, Romaine, Antique moderne, Romaine à encoches, etc.

Nous ne saurions trop recommander aux peintres de faire usage de ce très beau genre de lettres dont ils peuvent facilement faire eux-mêmes la pose sous glace ; la beauté en est supérieure à la lettre à plat dorée sous verre et le *prix de revient* moins élevé.

CHAPITRE X

DU FILAGE ET DE LA FAUSSE MOULURE

Les peintures, tant à l'intérieur qu'à l'extérieur, sont très souvent rehaussées par des *filets* de couleurs variées et appropriées.

On place des filets sur les murs unis, on en place sur les parties moulurées, sur les teintes plates, sur les tons assortis et sur les travaux du décor de bâtiment ; mais le plus beau filage s'exécute sur les faux-bois et sur les faux-marbres où l'on fait de belles fausses moulures dont l'effet saisissant vient compléter l'heureuse disposition des panneaux et augmenter l'illusion de la réalité.

On distingue plusieurs sortes ou catégories de filets :

Le filet *sec* pour imiter les joints de la pierre ou du marbre ;

Le filet *étrusque* sur moulures naturelles ;

Le *galon* plat et large, allant de 2 à 8 centimètres ;

Le *double-filet* composé d'un filet et d'un galon ;

Le filet *repiqué* ou *filet de table* pour simuler l'épaisseur des panneaux ou tables sur leur encadrement.

Enfin, les filets pour fausses moulures qui se décomposent en *filets adoucis*, en *filets gravés* et en *filets de repiqués*.

Pour former une moulure, il est nécessaire de faire plusieurs filets. Chaque moulure est classée pour un nombre déterminé de ces filets qui sont eux-mêmes dénommés et comptés :

Chaque filet sec est compté *pour un ;*

Un filet *adouci* ou fondu *d'un côté compte pour deux ;*

Un filet *adouci des deux côtés compte pour trois.*

Les filets gravés et les cannelures sont comptés *pour dix.*

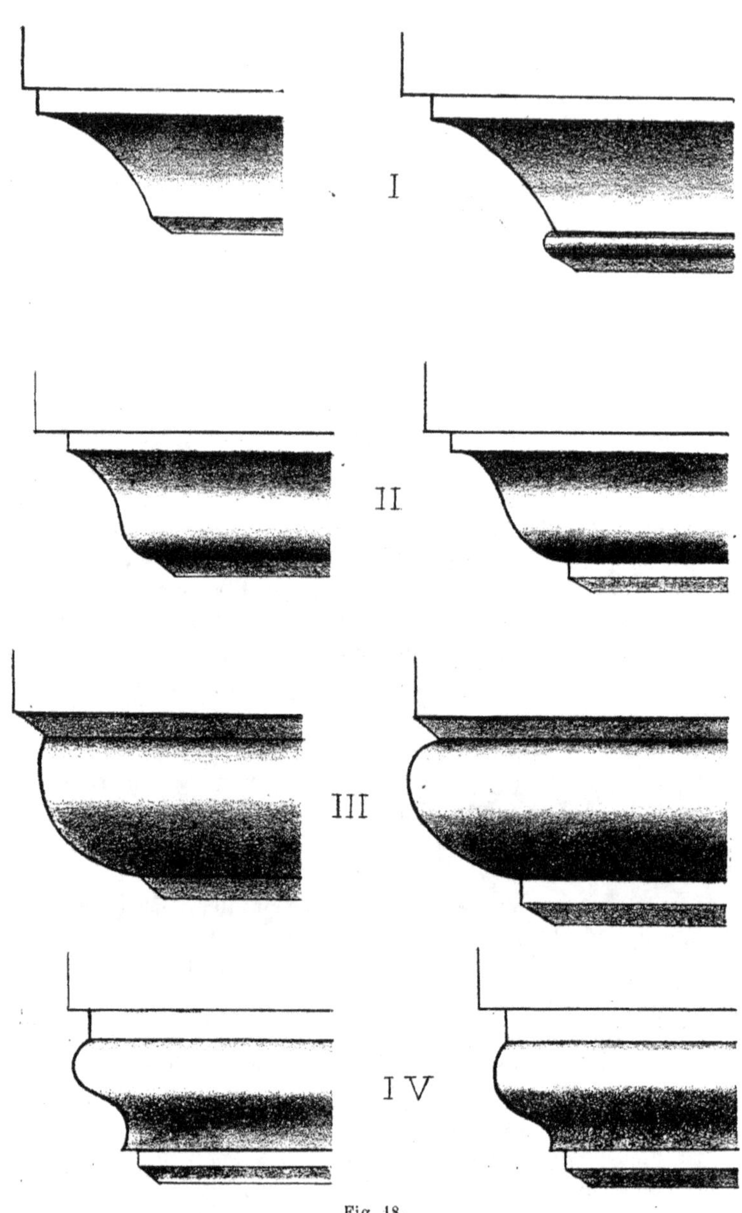

Fig. 18.

Voici les moulures ou membres de moulures qu'il est important de connaître.

Membres détachés de moulures.

Le cavet ou congé, droit et renversé ;
Le quart de rond ;
La baguette ;
Le torre ;
Le talon, droit et renversé ;
La doucine, droite et renversée ;
La gorge ;
La scotie.

C'est l'assemblage de ces divers membres ou fragments entre eux qui détermine la moulure complète dont nous donnons des spécimens parmi les plus fréquents.

Quelques moulures simples.

I	Cavet avec filet ou petit carré ; Cavet, baguette et filet ;	
II	Doucine et filet ;	Voir les figures ci-contre, page 173.
III	Quart de rond et filet ;	
IV	Talons et filets.	

Autres moulures.

Talon, baguette, gorge et double filet ;
Quart de rond, baguette, cavet et filet ;
Talon, baguette, cavet et filet ;
Grand quart de rond, baguette et cavet ;
Talon renversé, baguette, filet, gorge et listel, etc., etc., suivant l'assemblage des membres de moulures que l'on peut combiner en grand nombre pour la variété des profils.

En outre des moulures simples et des moulures de style, il y a encore les moulures *ornées*, celles où l'on adjoint les ornements classiques habituels d'architecture : torsades, oves, raies de cœur, postes, perles, etc.

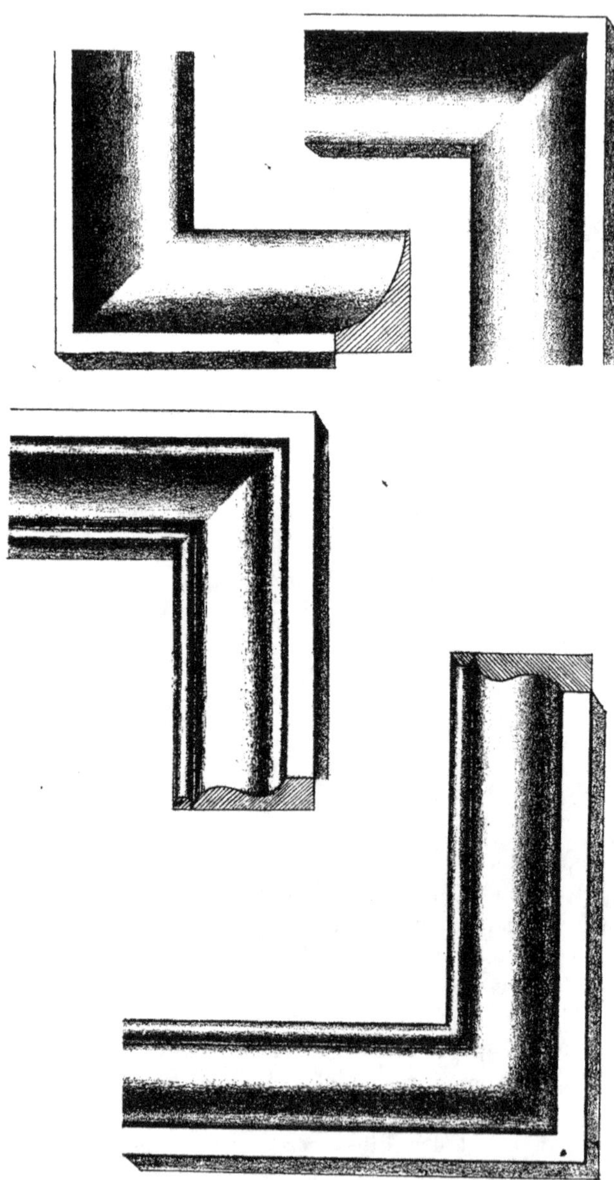

Fig. 19. — Applications de moulures simples.

Fig. 20. — Applications de moulures simples.

Dans la présentation et la recherche des profils de moulures, il est à remarquer combien sont différents les profils obtenus géométriquement et les profils du commerce, mais surtout ceux que les peintres fileurs exécutent habituellement. C'est que, dans l'établissement d'un profil on recherche avant tout le galbe et la grâce de la forme ; à cet effet, on modifie largement les formes obtenues avec le compas, elles sont froides d'aspect et d'allure souvent trop sévère.

EXÉCUTION DES FAUSSES MOULURES

On fait un premier tracé d'équerre pour marquer et placer les angles correctement ; on les relie ensuite entre eux par un coup de cordeau qui marquera la ligne extérieure, et l'on établira le pointage des filets nécessaires à la moulure demandée, en partant de cette ligne.

Une fois les filets pointés au crayon par distance à longueur de règle, ou par un tracé plus complet crayonné sur les lignes de tringlage au cordeau, on peut de suite attaquer le filage proprement dit.

Les teintes pour fausses moulures ne sauraient être autrement que transparentes, au moins celles à l'aide desquelles on indique tout d'abord les ombres naturelles, c'est donc par de véritables glacis que l'on commence le filage de toute moulure. Ces premiers glacis sont appelés demi-teintes parce qu'ils indiquent le modelé moyen sur lequel on vient repiquer ensuite les vigueurs d'ombre et de clairs. En principe, d'ailleurs, tout travail de filage est commencé par les filets qui doivent être adoucis, fondus ou dégradés ; autrement dit, par les ombres naturelles : la teinte de glacis ou demi-teinte, est faite très fluide car elle ne doit pas couvrir. Comme tons, on s'inspire de *la tonalité du dessous* sur lequel on opère et dont on cherche la teinte d'ombre que l'on prend toujours plus foncée, naturellement, mais sans exagération, car il faut compter sur les valeurs des repiqués ultérieurs aussi bien dans les ombres que dans les clairs. Comme liquide, de l'essence et de l'huile grasse afin d'activer le séchage et pouvoir repasser sur les demi-teintes dans la même journée.

On opère ce filage des *fondus*, à l'aide de deux brosses, une pour filer avec la teinte, l'autre tenue *sèche* pour adoucir sur les bords le filet qui doit être adouci *de suite dans le frais de la teinte*.

Dans un travail un peu conséquent, il est utile de filer en suivant toutes les parties semblables ; d'abord, les parties montantes jusqu'à la fin, ce qui permet, en essuyant au fur et à mesure les coupes d'onglet, de pouvoir ensuite reprendre le même filage par les parties transversales ; les coupes d'onglet faites précédemment auront eu le temps de sécher suffisamment pour être débordées et essuyées dans le sens inverse, seul moyen pour faire un travail propre.

Lorsque tous les glacis et les fondus sont terminés, en un mot, après le filage des demi-teintes, sans oublier celle des ombres portées, on procède au filage des *creux* d'ombre par une teinte plus foncée avec laquelle on repique (en même temps que les ombres portées) les grands fonds pour accuser les contours du profil et indiquer les *creux de moulures*.

On vient terminer, le lendemain, par le filage des *blancs* ou des autres clairs, ce qui achève l'illusion du modelé parfait.

Il ne faut pas s'exagérer outre mesure les difficultés pratiques du filage, cela ne comporte aucun tour de main extraordinaire ; beaucoup de goût et un peu d'habitude voilà tout. Maintenant, on doit aussi penser qu'il se rencontre par-ci par-là des difficultés, évidemment, mais pour les vaincre, on doit tout d'abord les connaître en pratiquant. Pour cela, il n'y a qu'à se mettre bravement à l'ouvrage, et chercher d'abord à faire bien, ensuite on essaiera d'aller vite, mais il ne faut jamais vouloir comparer sa façon personnelle au brio des fileurs spécialistes, ce serait d'avance se vouer soi-même au découragement.

Nous avons vu nous-même en province, et assez souvent, des travaux de filage fort heureusement exécutés par des peintres locaux, non spécialistes, et, tout dernièrement nous avons vu des fausses moulures faites *en plafond* dans tout un escalier de trois étages, avec des paliers irréguliers qui compliquaient encore le tracé des angles. Ce travail, très réussi comme exactitude de tons et sûreté d'exécution, était tout simplement le fait d'un très jeune peintre de l'endroit qui s'était attaché avec goût à l'interprétation des moulures. On avait pu ainsi se passer des lumières d'un spécialiste qui certes n'aurait pu faire mieux en admettant même qu'il eût fait aussi bien.

Les moulures ont aussi des dimensions et proportions classiques qu'on ne doit pas dépasser sous peine de dénaturer leurs formes et d'exagérer l'importance de leur rôle architectural.

Chaque membre de moulure est lui-même soumis à une mesure déterminée qu'il est important de connaître afin de ne pas créer *des monstres*.

Le cavet ou congé, le quart de rond, la doucine, le talon et la cannelure ne doivent pas dépasser 4 centimètres en profil.

Les moulures simples, composées de deux ou trois membres, se tiennent entre 6 et 9 centimètres.

Les moulures de style, composées avec quatre et cinq membres, ne vont pas au delà de 10 centimètres, du moins dans la pratique des travaux de bâtiment où il est utile, et même nécessaire de se conformer aux usages établis.

Les spécimens que nous donnons par reproduction typographique ne rendent pas exactement la finesse du modelé qu'on obtient par le filage, mais ils indiquent suffisamment ce que nous avons voulu démontrer par nos explications : il appartient maintenant au lecteur de parfaire son éducation professionnelle en travaillant lui-même, en s'inspirant de nos conseils, mais surtout en observant les résultats qu'il obtient par comparaison avec certains travaux de spécialistes, *en ne se décourageant jamais*, car c'est par la persévérance qu'on arrive au succès.

TABLE DES MATIÈRES

ÉVREUX, IMPRIMERIE CH. HÉRISSEY ET FILS

www.ingramcontent.com/pod-product-compliance
Lightning Source LLC
LaVergne TN
LVHW051031200726
843508LV00001B/292

9 782329 816258